# 新编儿童百科全书

# 恐 龙

刘干才　张春杰　编

U0242051

中国纺织出版社有限公司

**图书在版编目（CIP）数据**

恐龙 / 刘干才，张春杰编 .-- 北京 ：中国纺织出
版社有限公司， 2023.5
（新编儿童百科全书）
ISBN 978-7-5180-8532-3

Ⅰ．①恐… Ⅱ．①刘… ②张… Ⅲ．①恐龙—儿童读
物 Ⅳ．① Q915.864-49

中国版本图书馆 CIP 数据核字（2021）第 083390 号

责任编辑：赵晓红 责任校对：高 涵 责任印制：储志伟

中国纺织出版社有限公司出版发行

地址：北京市朝阳区百子湾东里 A407 号楼 邮政编码：100124

销售电话：010—67004422 传真：010—87155801

http://www.c-textilep.com

中国纺织出版社天猫旗舰店

官方微博 http://weibo.com/2119887771

北京通天印刷有限责任公司印刷 各地新华书店经销

2023 年 5 月第 1 版第 1 次印刷

开本：787×1092 1/16 印张：12

字数：126 千字 定价：69.80 元

# 前言
## Preface

　　两亿多年前的中生代，在陆地上生活着一种爬行动物，其中体格最大的一类逐渐进化成了恐龙。恐龙最早出现在2.3亿年前的三叠纪，并迅速成为地球"统治者"。到了约2亿年前到1.5亿年前的侏罗纪，恐龙一族进入鼎盛时期。各种各样的恐龙在地球上繁衍生息，构成了千姿百态的恐龙世界。

　　恐龙长相具有独特之处，肱骨有低矮的三角嵴，长度是肱骨的1/3~1/2，肠骨后部有个突出区块，胫骨末端边缘宽广，有个往后的凸缘，距骨有个明显上突区块。恐龙具有直立步态，其他爬行动物是四肢往两侧延展的步态。

　　恐龙的体型一般都很大，其中蜥脚类恐龙更是其中的巨无霸，比其他动物要大出几个等级，即便是其他恐龙，也要比大型蜥脚类恐龙小得多。在漫长的恐龙时代，即使是体型最小的蜥脚类恐龙，也比栖息地内的其他动物要大。

　　恐龙的种类有很多，大概有1000多种，但是根据臀部结构的不同，可以分为蜥臀目和鸟臀目两个大类，这两个大类又分为若干较小类。蜥臀目恐龙分为兽脚和蜥脚，鸟臀目恐龙分为鸟脚、装甲、角龙等。

　　为了帮助广大儿童迅速了解恐龙知识，我们根据国内外最新研究资料，在有关专家的指导下，特别编辑了这本书。

　　本书采取图解方式进行直观呈现，图文并茂，形象生动，又通过碎片体现、板块结构的形式进行呈现，内容精练，丰富多彩，设计精美，格调高雅，非常适合广大儿童阅读和珍藏。相信一定能够扩充广大儿童有关恐龙的知识。

编 者

2022年6月

# 目录

*contents*

## 兽脚恐龙

霸王龙······················ 2

重爪龙······················ 6

特暴龙······················ 10

异特龙······················ 14

腔骨龙······················ 16

冰脊龙······················ 20

角鼻龙······················ 24

埃雷拉龙···················· 28

尾羽龙······················ 32

棘龙························· 36

似鸡龙······················ 40

似鸵龙······················ 42

伶盗龙······················ 44

双冠龙······················ 48

高棘龙······················ 52

## 蜥脚恐龙

板龙························· 56

腕龙························· 60

马门溪龙⋯⋯⋯⋯⋯⋯ 64

鲸龙⋯⋯⋯⋯⋯⋯⋯⋯ 66

圆顶龙⋯⋯⋯⋯⋯⋯⋯ 70

大椎龙⋯⋯⋯⋯⋯⋯⋯ 74

梁龙⋯⋯⋯⋯⋯⋯⋯⋯ 78

雷龙⋯⋯⋯⋯⋯⋯⋯⋯ 82

萨尔塔龙⋯⋯⋯⋯⋯⋯ 86

峨眉龙⋯⋯⋯⋯⋯⋯⋯ 88

阿马加龙⋯⋯⋯⋯⋯⋯ 90

葡萄园龙⋯⋯⋯⋯⋯⋯ 92

## 鸟脚恐龙

弯龙⋯⋯⋯⋯⋯⋯⋯⋯ 96

异齿龙⋯⋯⋯⋯⋯⋯⋯ 100

棱齿龙⋯⋯⋯⋯⋯⋯⋯ 104

副栉龙⋯⋯⋯⋯⋯⋯⋯ 106

无畏龙⋯⋯⋯⋯⋯⋯⋯ 110

慈母龙⋯⋯⋯⋯⋯⋯⋯ 114

禽龙⋯⋯⋯⋯⋯⋯⋯⋯ 116

埃德蒙顿龙⋯⋯⋯⋯⋯ 120

赖氏龙⋯⋯⋯⋯⋯⋯⋯ 122

加斯顿龙⋯⋯⋯⋯⋯⋯⋯⋯ 152

包头龙⋯⋯⋯⋯⋯⋯⋯⋯ 154

甲龙⋯⋯⋯⋯⋯⋯⋯⋯⋯ 158

## 角龙恐龙

祖尼角龙⋯⋯⋯⋯⋯⋯⋯ 162

三角龙⋯⋯⋯⋯⋯⋯⋯⋯ 164

古角龙⋯⋯⋯⋯⋯⋯⋯⋯ 168

原角龙⋯⋯⋯⋯⋯⋯⋯⋯ 170

戟龙⋯⋯⋯⋯⋯⋯⋯⋯⋯ 174

厚鼻龙⋯⋯⋯⋯⋯⋯⋯⋯ 178

双角龙⋯⋯⋯⋯⋯⋯⋯⋯ 180

尖角龙⋯⋯⋯⋯⋯⋯⋯⋯ 182

五角龙⋯⋯⋯⋯⋯⋯⋯⋯ 184

山东龙⋯⋯⋯⋯⋯⋯⋯⋯ 126

腱龙⋯⋯⋯⋯⋯⋯⋯⋯⋯ 128

鸭嘴龙⋯⋯⋯⋯⋯⋯⋯⋯ 130

大鸭龙⋯⋯⋯⋯⋯⋯⋯⋯ 134

## 装甲恐龙

钉状龙⋯⋯⋯⋯⋯⋯⋯⋯ 136

米拉加亚龙⋯⋯⋯⋯⋯⋯ 140

剑龙⋯⋯⋯⋯⋯⋯⋯⋯⋯ 142

华阳龙⋯⋯⋯⋯⋯⋯⋯⋯ 146

肢龙⋯⋯⋯⋯⋯⋯⋯⋯⋯ 150

# 兽脚恐龙

兽脚亚目恐龙属于蜥臀目恐龙中的一大亚目，主要生活在三叠纪中期。它们靠两足行走，趾端长有锐利的爪子。具有能够抓握的手，但手掌只能朝下或朝后。嘴里长着像匕首或小刀一样的利齿，牙齿前后缘常有锋利的锯齿，这就是它们的武器。

兽脚亚目恐龙大多数是肉食性恐龙，也有少部分杂食性恐龙和草食性恐龙。兽脚恐龙的成员很多，但在6500万年前的大灭绝中全部消失了。

兽脚亚目恐龙的明星代表是霸王龙（暴龙），另外还有异特龙、腔骨龙、重爪龙、角鼻龙、艾雷拉龙、冰脊龙、棘龙、似鸵龙、似鸡龙、尾羽龙、伶盗龙、高棘龙……

# 霸王龙

在中生代的最后一个时期，就是距今大约6850万~6550万年前的白垩纪晚期，在北美洲，即现在的美国与加拿大区域生活着一种恐龙。它是最晚出现的恐龙之一，后来被命名为"霸王龙"，也被称为"暴龙"。它是体型最为粗壮的肉食性恐龙，也是最晚灭绝的恐龙之一。

## 头部

霸王龙头部狭长，庞大，两颊发达，颅骨上有大洞孔。它耳朵的外观与其他恐龙相差不大，但其内部结构却不一样，听觉很特殊，颈部短粗，可以灵活运动。它的眼睛朝向前面，双眼视觉重叠区比较大，可以看到立体影像，具有很好的立体视觉。

## 牙齿

霸王龙口中长有约60颗利齿，成圆锥状，类似香蕉，并且上颌宽下颌窄，这样咬合的时候更加有力，可以咬断猎物的骨骼。其牙齿巨大，就像刀子一样锋利，牙齿有些向后弯，当它咬上对方时，就像是用锋利的刀子割肉那样轻松。

## 霸王龙（小名片）

- 名称：霸王龙
- 时期：白垩纪晚期
- 外形：体长13米，重6吨以上
- 属目：蜥臀目兽脚亚目
- 分布：北美洲、亚洲

## 身躯

　　霸王龙前肢长度只有后肢的22%，一般个体长度仅有80厘米，相对它的体型和后肢来说，前肢显得非常细小。它每只手有两个手指，指端有锋利的爪子。后腿粗壮，每只脚有3个脚趾。尾巴细而硬，用来平衡身体。

## 生活方式

霸王龙是两足、肉食性恐龙，有大型头颅骨，主要捕食鸭嘴龙类与角龙类恐龙。有科学家指出，当时可供霸王龙食用的肉食不足，它们通常以植物为食。由于缺少有力的证据，到现在还没有形成统一认识。

我体长达 13 米，重达 6 吨~7 吨，最重能达到 14.85 吨。

我的头部有 1.37 米长，吃的食物和大部分兽脚恐龙都不一样。你怕不怕我呢？

## 求偶之谜

雄性霸王龙用食物来追求雌性霸王龙。在求偶的过程中，这些当作礼物的食物很重要。因为，雌性霸王龙在筑巢孵蛋时，需要吃得很饱，这样才能更有利于产卵。所以，雄性霸王龙必须寻找更多的食物来喂饱雌性霸王龙，不然它就会被雌性霸王龙吃掉。

## 趣味小阅读

在许多早期电影中，霸王龙常被误设计为长有三根手指，类似异特龙。受到有关绘画的影响，霸王龙被塑造成了直立、尾巴拖曳在地上的笨重动物。直到1993年电影《侏罗纪公园》上映，观众才真正了解到霸王龙的正确步态。

# 重爪龙

　　在白垩纪早期，也就是距今1.25亿年前，在现在的英国、西班牙、尼日尔等地区生活着一种恐龙，它拥有像钩子一样的巨型指爪拇指，因此被命名为"重爪龙"。它的头细长有力，像鳄鱼的头一样。它属于肉食性恐龙，发现于英格兰多尔金南部的一个黏土坑及西班牙北部。

**重爪龙（小名片）**

　◎名称：重爪龙
　◎时期：白垩纪早期
　◎外形：体长8~10米，重2吨
　◎属目：蜥臀目兽脚亚目
　◎分布：欧洲地区

## 头部

　　重爪龙的头型很像鳄鱼，头部扁长，颌部细窄，上下颌中长有锯齿状的牙齿，其口鼻部狭窄，并且较长。鼻端可能有一小型的冠状物，上颚骨在近鼻端下侧有一转折区间，鼻孔位于上颚的较后方。

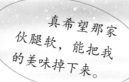

真希望那家伙腿软，能把我的美味掉下来。

## 爪子

　　重爪龙的意思是"沉重的爪子"。重爪龙的前肢强壮，并长有3指，其中拇指特别粗大，拇指上长有镰刀状的钩爪，大约0.3米长，可以钩起食物，它的名字也由此而来。

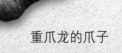

重爪龙的爪子

## 身 躯

　　重爪龙的长颈部并没有像其他兽脚亚目恐龙那样呈现明显的S形，头颅骨也被设置成一个锐角，而不是像其他恐龙那样成直角。前肢肌肉发达，掌部有三个强有力的手指。它的颈部挺直，肩膀有力，还长着一根细长的尾巴。

重爪龙尖而锋利的镰刀状钩爪。

我会用我的利爪捕鱼。

## 生活方式

　　重爪龙是以鱼为主食的恐龙，因为在它胃部的地方发现了超过1米的鱼类残骸。重爪龙生活在水边，或者潜入浅水中，用它可怕的利爪来捕食鱼类。就像后来的灰熊一样，重爪龙在抓到鱼后，就用嘴叼住，然后带到蕨树丛中去慢慢享用。

重爪龙长而窄的口鼻部和锯齿状的牙齿。

想打架啊！

## 趣味小阅读

　　还有另一类好似鳄鱼的恐龙叫似鳄龙，是重爪龙的近亲，与重爪龙同样属于在重爪龙亚科，甚至有学者提出，基于似鳄龙与重爪龙相似的脊椎骨，应该将似鳄龙重新定为重爪龙的一个种类。

# 特暴龙

特暴龙，意为"令人害怕的蜥蜴"，是一种大型兽脚亚目恐龙，属于暴龙超科。特暴龙是霸王龙的远亲，生存于白垩纪晚期，约7000万~6500万年前。特暴龙的化石大部分是在蒙古国发现的，而在中国则发现了更多的破碎骨头。

我有一辆大卡车那么长，是不是很恐怖呢？

## 特暴龙（小名片）

- ◉ 名称：特暴龙
- ◉ 时期：白垩纪晚期
- ◉ 外形：体长12米，重7.5吨
- ◉ 属目：蜥臀目兽脚亚目
- ◉ 分布：中国、蒙古国

## 头 部

　　特暴龙的颅骨高大，但是特暴龙不如暴龙的立体视觉好。特暴龙有60~64颗牙齿，略少于暴龙，但是多于其他体型的暴龙科，如诸城暴龙、惧龙、阿尔伯托龙、蛇发女怪龙、分支龙等。特暴龙脑部的大型嗅球、末端神经、嗅神经，显示它具有灵敏的嗅觉，这点如同暴龙一样。

## 特暴龙的四肢

　　就前肢和身体比例而言，特暴龙拥有暴龙科中最小型的前肢，前肢长有两根小巧的手指。它的后肢长而粗壮，脚上有四根脚趾，其中三根能将它的身体支撑为二足的步态。

在和其他恐龙的战斗中，只要咬住它的脖子，我就赢了。

## 个体差异

2006年，科学家发现了一个幼年特暴龙个体的身体骨骼化石，并带有完整的头颅骨。这个幼年个体化石，死亡时大约是2~3岁。与成年个体相比，这个幼年头颅骨结构虚弱，牙齿较细，显示出特暴龙幼年个体和成年个体占据不同生态位，以免竞争相同食物来源。

## 生活与行动

特暴龙位于食物链的顶端，是一种顶级掠食者恐龙。它可能以大型恐龙为食，如鸭嘴龙类的栉龙，或是蜥脚类的纳摩盖吐龙等。成年特暴龙可能与其他小型兽脚类恐龙有少许竞争，如伤齿龙科的无聊龙、鸵鸟龙、蜥鸟龙等。

## 感官

特暴龙的听觉神经很大，因此它的听力在声音的沟通与警告上比较好用。它的听觉神经连接着发展良好的前庭系统，表明它的平衡感与协调性很好。相反，特暴龙与视力有关的神经却比较小，它依靠的是嗅觉与听觉，而不是视觉。

## 发现

1946年，一个苏联与蒙古国联合的挖掘团队，在蒙古国南戈壁省的耐梅盖特组发现了一个接近完整的大型头颅骨与一些脊椎骨。这些化石属于一只大型的兽脚类恐龙，它就是特暴龙。

## 身躯

特暴龙是最大型的暴龙科动物之一，但略小于暴龙。它的颈部为S状弯曲，其余的脊柱，包含尾巴，与地面保持着水平的姿态。特暴龙长而重的尾巴可以平衡头部与胸部的重量，并将重心保持在臀部。

### 趣味小阅读

特暴龙出现于2005年英国BBC的电视节目《恐龙凶面目》第二集，以及《与恐龙共舞》的特别节目《镰刀龙探秘》中。

# 异特龙

在侏罗纪晚期，也就是距今约1.5亿年前，在亚洲、非洲、北美洲、大洋洲等地区生活着一种恐龙。这种中型二足、掠食性恐龙，后来被定名为"异特龙"，又名"跃龙"或"异龙"，是蜥臀目兽脚亚目肉食龙下目恐龙的一属。

## 身躯

异特龙的臀部骨头和肠骨巨大，耻骨有个明显的尾端，可能作为肌肉附着处，以及身体躺在地面上时的支撑物。异特龙的尾巴粗壮且长，能够灵活地运动，并以此作为武器攻击敌方。

## 异特龙（小名片）

- ◉ 名称：异特龙
- ◉ 时期：侏罗纪晚期
- ◉ 外形：体长12米，重1~4吨
- ◉ 属目：蜥臀目兽脚亚目
- ◉ 分布：美国、葡萄牙

## 头 部

异特龙的颅骨非常大，眼睛上方拥有一对角冠，角冠的形状与大小随个体而不同。颈部比较粗壮，呈S形。它的颌部长着锋利的牙齿，牙齿都为锯齿状，每块上颚骨约有14～17颗牙齿，越往嘴部深处，牙齿就越短、狭窄、弯曲。

## 四 肢

异特龙手腕腕骨像一个半新月形，手指可以钩住食物。它后肢高大粗壮，脚掌上也长有3根趾爪，并具有锐利的爪子。其脚掌部可以承受全身重量，它的第四趾已经退化，并逐渐形成了一个上爪。其后肢虽然粗壮有力，但不适合奔跑。

### 趣味小阅读

异特龙曾经出现在英国BBC的电视节目《与恐龙共舞》的第二集与第五集中。而《与恐龙共舞》的特别节目《异特龙之谜》，则是以著名的"大艾尔"作为主角，讲述了它传奇的一生。

# 腔骨龙

在三叠纪晚期，也就是距今2.15亿年前，在现在的美国亚历桑那、新墨西哥、犹他州等地区生活着一种恐龙。1889年，美国动物学家爱德华·德林克·科普将它命名为"腔骨龙"，又名"虚形龙"。这种恐龙是北美洲的小型、肉食性、双足恐龙，也是已知最早的恐龙之一。

## 身躯

腔骨龙用短小的前肢攀爬、掠食，用强壮的后肢行走，能够迅速地站立起来，并且保持身体的平衡。其肩部有一些比较有趣的特征，就是它们长有叉骨，是已知恐龙中最早的例子。

**腔骨龙（小名片）**

- 名称：腔骨龙
- 时期：三叠纪晚期
- 外形：体长2~3米，重27千克
- 属目：蜥臀目兽脚亚目
- 分布：北美地区、非洲南部、中国

## 骨架

腔骨龙的骨架与现代的鸟类大致相同，部分骨骼是空的，并且薄如纸张，这就减轻了自身的重量。它的骨骼都愈合在一起，所以它与爬行类动物不太一样，它跑得飞快，停下来时身体能够挺直。

## 尾巴

腔骨龙的尾巴拥有不寻常的结构，脊椎的前关节互相交错，形成了半僵直的结构，似乎可以制止尾巴上下摆动。它的尾巴较长，非常纤细，呈现挺直状，是善于奔跑的动物的独特特征。当腔骨龙快速移动时，尾巴就成了像舵一样的平衡物。

## 排泄

腔骨龙不直接排尿，那么，它身体里的尿液到哪里去了呢？这与现代的鸟类和哺乳类生物有些相似，因为鸟类是以尿酸的形式把氮物质排出来的，而哺乳类则通过一种名为尿素化学物的物质把含氮的排泄物排出来的。

## 头部

腔骨龙头部较长且狭窄，而且具有大型的洞孔，可以减轻头部的重量，洞孔间的狭窄骨头也能够保持结构的完整性。头部类似于鹳鸟的头部，嘴巴尖，颌部长着锐利的牙齿，并且向后弯曲。它的颈部细长，呈弯曲状。

## 生活形态

腔骨龙不需要太多水分，一点水就可以使它生存下来。由于骨骼是中空的，身体比较轻盈，行动比较迅速，所以它是一个捕猎能手。它主要以小型、类似蜥蜴的动物为食，也可能以小型群体方式集体猎食，这样就可以猎捕大型的草食性恐龙。

## 发 现

　　1881年，科学家发现了腔骨龙最早的化石，8年后被古生物学家爱德华·德林克·科普命名为"腔骨龙"，不过这套化石保存状况很差，很难拼凑出腔骨龙完整的外貌。直至1947年，在美国新墨西哥州的幽灵牧场，发现了一个大量的腔骨龙尸骨层，才使世人看出了腔骨龙的本来面貌。

　　我们以小型群体方式集体猎食，这样就可以猎捕大型的草食性恐龙了！

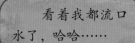

看着我都流口水了，哈哈……

### 趣味小阅读

　　腔骨龙也曾出现在英国BBC的电视节目《与恐龙共舞》与探索频道的电视节目《恐龙纪元》之中，在节目中，腔骨龙被叙述为以猎食昆虫与灵鳄为生。并且，腔骨龙化石是以实验为目的，第二个进入太空的恐龙化石。

# 冰脊龙

　　距今约1.93亿年前，在现在的南极洲区域生活着一种恐龙。1994年，科学家将其命名为"冰脊龙"。冰脊龙又名"冰棘龙"或"冻角龙"。它是一类大型的双足兽脚亚目恐龙，其头部有一个像西班牙梳的奇异冠状物。

你看见了吗？我最显著的特征就是头上那个霸气的头冠。

## 冰脊龙（小名片）

- ⦿ 名称：冰脊龙
- ⦿ 时期：侏罗纪早期
- ⦿ 外形：体长6.5米，重470千克
- ⦿ 属目：蜥臀目兽脚亚目
- ⦿ 分布：南极洲

## 命名

　　冰脊龙又名"冰棘龙"或"冻角龙"，也有人称其为"冠状龙"。它还有一个名字，由于它的头冠像1950年代埃尔维斯·皮礼斯利的发型，所以也称"皮礼斯利龙"。

## 头 部

　　冰脊龙的头颅骨比较高且狭窄，长约0.65米。它的嘴里长着整齐的、锯齿般的牙齿。冰脊龙的眼睛上方，长着一个奇特的鼻冠，横向排列，并与头颅骨垂直。冰脊龙的鼻冠是从头颅骨向外延伸，在泪管附近与两侧眼窝的角愈合。

你千万别说这很像一把梳子哦。

## 头冠之谜

　　有科学家认为，这个头冠若用在打斗上很易受伤，但若是作为求偶用，那就别有一番风味了。但这个头冠具体有何作用，由于没有新的证据，所以尚无定论。

## 骨躯

　　冰脊龙主要依靠粗壮有力的后肢行走。它的前肢短小，但后肢较粗壮，能够支撑全身的重量。有的古生物学家认为冰脊龙的体型偏胖，有的则认为它比较瘦，至于哪种说法正确，直到目前还没有定论。

你敢挑战我的权威？

待会儿我就让你好看，呵呵！

## 分 类

有学者提出冰脊龙的新演化位置理论，他们认为冰脊龙不属于双脊龙科，也不属于包含角鼻龙下目、坚尾龙类的演化支，而是位于一个包含双脊龙科、角鼻龙下目、坚尾龙类等尚未命名的一个演化支的位置。

## 生活区域

冰脊龙主要生活于侏罗纪早期的南极区域，古生物学家还没有确定它是长期居住还是短时间居住。冰脊龙的发现打破了恐龙是一种冷血动物的观念。因为如果冰脊龙是冷血动物，那么它根本无法适应南极的环境。

## 趣味小阅读

冰脊龙是在南极洲发现的，当时的南极洲大陆虽然还没漂移到现在南极的位置，气候也比现在温暖，但还是具有寒冷的冬天和每年6个月的漫漫长夜，那时的冰脊龙必须习惯这样的生活。

# 角鼻龙

在侏罗纪晚期，也就是距今约1.53亿年前，在现在的美国地区生活着一种恐龙。这种恐龙的鼻子上方中间有一列小型的被皮肉包着的骨头，因此被命名为"角鼻龙"，又名"刺龙"或"角冠龙"，是一种很凶残的肉食性恐龙。

## 头 部

角鼻龙的颅骨相当大，它的头颅是由骨质支柱和薄板构成的，所以虽然它的头比较大，但实际上可能并不是很重。每块前上颌骨有3颗牙齿，每块上颌骨有12~15颗牙齿，每块齿骨有11~15颗牙齿。鼻角是由鼻骨隆起形成的。

## 角鼻龙（小名片）

- 名称：角鼻龙
- 时期：侏罗纪晚期
- 外形：体长4.6~6米，重1吨
- 属目：蜥臀目兽脚亚目
- 分布：北美地区

## 近亲

角鼻龙的近亲包括锐颌龙、轻巧龙以及阿贝力龙超科的食肉牛龙。相比于其他的近亲恐龙，角鼻龙也过于大型和晚期了。但是，作为肉食龙下目，角鼻龙在很多方面却又很原始。

## 鼻角之谜

角鼻龙的鼻子上长有一个较小的角，似乎不能用来防卫或作战，但也无法确定它的用途。有些古生物学家就推测角鼻龙的角可能是用来装饰的，或用于与其他雄性角鼻龙进行比较，从而赢得群体中的领导地位。

## 四肢

角鼻龙前肢短而健壮，掌部还长有四指，每个指上是弯钩利爪，可能用来抓取物件。它的后肢则很长，并且肌肉发达，这就表明它习惯于靠后肢行走。它并没有很多肉，所以行动比较轻松。后肢是由坚实的骨骼和结实的肌肉组成，因此很善于行走。

## 化石

　　在美国犹他州中部的克利夫兰劳埃德采石场和科罗拉多州的干梅萨采石场，有人发现了角鼻龙的化石。角鼻龙是由美国古生物学家奥塞内尔·查利斯·马什于1884年描述和命名的。古生物学家查尔斯·怀特尼·吉尔摩尔于1920年又对它重新进行了描述。

## 博斗

　　当遇到猎物或敌人时，角鼻龙会用自己锋利的牙齿和带钩的利爪击败对方，而它速度上的优势也会体现得很好。

不好！

别让它跑了！

## 身躯

角鼻龙的骨盆结构十分特殊，尾巴的骨骼硬直、笨重，末端可以自由摆动。角鼻龙的这些身体构造都有利于它快速奔跑，其中长尾巴则起到了帮助它快速转向和平衡头颅重量的作用。角鼻龙的背脊上，有由后脑延伸至背部的锯齿状的小突起。

## 生活方式

角鼻龙大多生活在蕨类大草原地区，以及林木茂盛的冲积平原上。它们一般会成群结队地去猎食，这样它们就能捕获一些大型草食性恐龙，有时也会捕获一些伤老病残的大型肉食性恐龙。

### 趣味小阅读

在最早与恐龙有关的电影，1914年的默片 *Brute Force* 中，角鼻龙就已经出现过。1966年的电影《公元前一百万年》中，出现一只角鼻龙与一只三角龙发生打斗的故事。

# 埃雷拉龙

在三叠纪中晚期，也就是距今约2.3亿年前，在现在的阿根廷地区生活着一种恐龙。1959年，由古生物学家奥斯瓦尔多·雷格将这种恐龙命名为"埃雷拉龙"，又称"黑瑞拉龙""艾雷拉龙""黑瑞龙"或"赫勒拉龙"。它属于蜥臀目兽脚亚目恐龙，也是最早的肉食性恐龙之一。

## 生活形态

埃雷拉龙一般生活在高地，可能会用类似鸟类的腿大步行走在植物茂密的河岸边，伏击或寻找食物。它们的主要食物是小型草食性恐龙以及其他爬行类动物，蜻蜓等昆虫可能也会成为它的食物。而未成年的埃雷拉龙可能会以其他动物的腐尸为食。

### 埃雷拉龙（小名片）

◉ 名称：埃雷拉龙
◉ 时期：三叠纪中晚期
◉ 外形：体长5米，重180千克
◉ 属目：蜥臀目兽脚亚目
◉ 分布：北美、南美地区

## 身 躯

埃雷拉龙体型庞大，主要依靠两足行走。它的前肢比较短，并且长有锐利的爪子，能够抓握；后肢较长，健壮有力，适合奔跑。它还有一条很长的尾巴用来保持平衡，这条尾巴以重叠的尾椎突来硬化，这种结构非常适合高速奔跑。

## 骨骼的出土

埃雷拉龙是1959年由墨西哥古生物学家奥斯瓦尔多·雷格描述并且命名。埃雷拉龙的第一块骨骼化石是由阿根廷一位叫埃雷拉的农民无意中发现的，为了纪念他，人们就以"埃雷拉龙"来命名这种恐龙。

## 头 部

埃雷拉龙的头颅骨偏长且较窄，上有5对洞孔，两对是眼窝及鼻孔。它的眼睛与鼻孔之间是一对眶前孔，及一对像裂缝的洞孔，称为原上颌孔。在它的眼后是大的下颞孔。下颌有个灵活关节，后部也有洞孔。嘴部有大型、向后弯曲的锯齿状牙齿。颈部修长灵活。

你敢挑战我的权威？

## 原始恐龙之谜

埃雷拉龙是在南美洲和北美洲的一些地方发现的，它与同期的大型初龙类动物有可疑的血缘关系。科学家通过研究发现，埃雷拉龙大约生活在2.3亿年以前，是地球上最古老的恐龙之一。

## 真假恐龙之谜

　　埃雷拉龙的头颅骨长而且窄，几乎没有后期恐龙的任何特征，却与较原始的主龙类没有多大差异。古生物界学者对其恐龙的身份多持怀疑态度，但又不得不承认它就是恐龙类生物。

### 趣味小阅读

　　人们还发现了十字龙等恐龙，它们主要生存于三叠纪中晚期，并且都是埃雷拉龙的近亲。十字龙是最早的恐龙之一。它身长约2米，长颚上长着整齐的牙齿，用于捕捉猎物，细长的像鸟一样的后肢，用来追逐猎物。

# 尾羽龙

　　我国辽宁地区在白垩纪早期生活着一种恐龙，这种恐龙后来被命名为"尾羽龙"，它是双足行走的一类恐龙。尾羽龙是在我国辽宁地区发现的第二种带毛的恐龙。

尾羽龙（小名片）

◉ 名称：尾羽龙
◉ 时期：白垩纪早期
◉ 外形：体长1米
◉ 属目：蜥臀目兽脚亚目
◉ 分布：中国

这里的水真清澈呀！

## 近亲

尾羽龙的尾巴顶端长着一束扇形排列的尾羽，它的前肢上也长着一排羽毛。这些羽毛总体形态和现代鸟类的羽毛非常相似，唯一的区别在于它的羽片是对称分布的。

## 头部

尾羽龙的头颅骨较短，并且呈方形，但其脖子比较长。它的口鼻部很像角质的喙，颌部比较厚实，上颌前端的牙齿比较少，这些牙齿很长并且锋利无比。

## 生活方式

　　尾羽龙被认为是一种杂食性动物，科学家在至
少两个标本中发现了胃石。在某些草食性恐龙、初
鸟类的会鸟以及现代鸟类中，这些胃石位于砂囊的
位置中。相反，大部分兽脚亚目却是肉食性的。而
且尾羽龙也缺乏兽脚亚目普遍具有的锯齿牙。

## 羽毛之谜

尾羽龙似乎全身都被长短不一的羽毛覆盖。据科学家研究表明，羽毛不能再作为鉴定鸟类的主要特征，恐龙也可能会长有羽毛。

## 身躯

尾羽龙的外形很像鸟类，与后来的火鸡相像。它的前肢非常小，略比其他兽脚类恐龙短些。它前肢上长有3指，每个指上都长有锐利的爪子，前肢上还长有羽毛。尾羽龙通常以两足行走，它的后肢强健有力，每只脚掌上都长有3趾，趾端有尖爪，还有一个退化的趾。

### 趣味小阅读

尾羽龙中有两个物种已经被命名，分别是模式种的邹氏尾羽龙和董氏尾羽龙，前者于1998年被正式命名，后者是于2000年被正式命名的。尾羽龙化石最初是1997年在中国东北辽宁省的义县组中被发现。

# 棘龙

　　在白垩纪晚期，也就是距今约9700万年前，在现在的摩洛哥、阿尔及利亚、利比亚、埃及和突尼斯等地区生活着一种恐龙，这种恐龙在1915年被命名为"棘龙"，意思是"有棘的蜥蜴"。它是一类大型兽脚类肉食龙，其中的亚种埃及棘龙是目前已知最大的肉食性恐龙。

## 棘龙（小名片）

- ◉名称：棘龙
- ◉时期：白垩纪晚期
- ◉外形：体长12~18米，重4吨
- ◉属目：蜥臀目兽脚亚目
- ◉分布：北非地区

## 头部

　　棘龙的头颅扁长。在它眼睛的前方有一个小型突起物，它的颅骨构造类似重爪龙。它的口鼻部长满锥状牙齿，并且有些弯曲，而它的牙齿相对较少，上面没有锯齿。由此可以看出，棘龙可能有猎食鱼类的习性，甚至会猎食其他恐龙。

## 身躯

　　棘龙的身体与暴龙非常相似。它的前肢比较短，后肢比较长，通常情况下以两足行走，尾巴则用来保持身体的平衡。棘龙肩膀的转动幅度很小，与人类相比，它手肘活动的范围也很小，大约只有70°的转动幅度。它的背部有明显的长棘。

## 背帆之谜

　　大部分科学家推断，棘龙的长棘之间由皮肤连接，形成一个巨大的帆状物。但有极少数科学家却认为这些长棘是由肌肉覆盖，形成隆肉或是背脊。帆状物的功能很可能包含调节体温、储存脂肪能量、散发热量、吸引异性、威胁对手、吸引猎物等。

今天的美食真是丰富啊！

## 生活状况

　　棘龙又叫棘背龙，生活在海岸与潮坪地带。棘龙的主要食物是鱼类和其他比它弱小的恐龙。撒哈拉最大的鲨齿龙和帝王肌鳄如果被棘龙发现，就极有可能会成为棘龙的午餐。

## 近亲

经研究发现，激龙是和棘龙血缘关系很近的恐龙。激龙生存于约1.1亿年前的白垩纪晚期，是大型双足肉食性恐龙，身长约8米，背部高度3米，颌部与牙齿形态类似鳄鱼，头顶有个形状独特的头冠。

## 化石

1912年，棘龙的化石在埃及被发现，并由德国古生物学家恩斯特·斯特莫在1915年为其命名。

## 趣味小阅读

2014年9月，一副巨大的棘龙化石在位于摩洛哥境内的撒哈拉沙漠被挖掘出土，骨龄达到9500万年的残骸证实了研究人员的推测：棘龙不仅是已知最大的肉食性恐龙之一，还是最早会游泳的恐龙。

# 似鸡龙

在白垩纪晚期，生活着一种恐龙，即似鸡龙，意为"鸡模仿者"，是似鸟龙科下的一属恐龙。似鸡龙的化石有很多个体，包括有臀部0.5米高的幼体至臀部2米高的成体化石，由瑞钦·巴思等古生物学家为其命名。

## 头 部

似鸡龙的脑袋较小，就像现在的鸟类一样，它的骨头是空心的。它的颈部细长，并且能够灵活运动。它的嘴类似鸟嘴，长有角质的喙，但是嘴里没有牙齿。

前肢的每根爪子都很长、很锋利。

## 四 肢

似鸡龙的前肢较短，指端长有锐利的爪子，并且向内弯曲。它那长而弯的指爪可能用来钩住树枝，或是抓住小型动物。它的后肢强健有力，后肢脚掌长有3趾，并且每个脚趾上都长有锐利的爪子。

### 似鸡龙（小名片）

- ◎名称：似鸡龙
- ◎时期：白垩纪晚期
- ◎外形：体长6米，重450千克
- ◎属目：蜥臀目兽脚亚目
- ◎分布：亚洲

## 身躯

似鸡龙其实是一种最大型的似鸟龙，它的模样类似空彩龙，身上被绒毛状羽毛覆盖。似鸡龙跨步较大，非常擅长奔跑。但它尾巴细长僵直，这种尾巴的主要作用是在奔跑过程中保持身体的平衡。

有本事你就下来呀！

## 趣味小阅读

似鹈鹕龙与似鸡龙同属似鸟龙类恐龙，不过似鹈鹕龙是一种小型的似鸟龙类恐龙，它的身长只有2～2.5米。似鹈鹕龙意为"鹈鹕模仿者"，是一种原始、基础似鸟龙下恐龙，生存于白垩纪早期的西班牙。似鹈鹕龙是一种草食性恐龙。

# 似鸵龙

在白垩纪晚期，也就是距今约7500万年前，在现在的加拿大亚伯达省生活着一种恐龙，即似鸵龙。它是种二足动物，属于兽脚亚目似鸟龙下目。

## 头 部

似鸵龙的头部小而修长，与现在的鸵鸟头部非常像。它的眼睛比较大，颌部也非常厚实，但是颌部没有牙齿，下颌有两对低矮的洞孔。它的口鼻部前端为喙状嘴，颈部细长，颈部长度约占体长的一半，并且非常灵活。

### 似鸵龙（小名片）

- ◎名称：似鸵龙
- ◎时期：白垩纪晚期
- ◎外形：体长约4米，重150千克
- ◎属目：蜥臀目兽脚亚目
- ◎分布：北美地区

## 身躯

似鸵龙身长4.3米，臀部高1.4米，体重约150千克。它的后肢细长，胫骨比股骨长，脚趾上的爪子能够防止滑倒。这使它的行动更加迅速，更适合奔跑。似鸵龙在奔跑的过程中，那细长挺直的尾巴能够保持身体平衡，但却不够灵活。

## 四肢

似鸵龙的前肢粗壮有力，但是前臂骨头不太灵活。它的前肢是似鸟龙科中最长的，并且长有3指，每个指上都长有弯曲状的锐利指爪。似鸵龙后肢上胫骨比较长，肌肉强健有弹力。在似鸟龙科中，似鸵龙腿部可能属于中等修长的类型。

我有10节颈椎、16节背椎、6节荐椎……

看看我们，无论你信还是不信，集体的力量总是很强大的！

### 趣味小阅读

很多科普书籍都称似鸟龙与似鸵龙是同一种恐龙，其实是误解，似鸵龙的拉丁文意为"模仿鸵鸟的恐龙"，而似鸟龙的拉丁文意为"像鸟似的恐龙"。科学家这样命名的意思是，似鸵龙与鸵鸟非常相似，而似鸟龙则与飞鸟差不多。

# 伶盗龙

　　伶盗龙，又称迅猛龙、速龙、快盗龙。它的学名在拉丁文中意为"敏捷的盗贼"，它是蜥臀目兽脚亚目驰龙科恐龙的一属，生活在8500万年前的白垩纪晚期。伶盗龙的化石发现于蒙古国及中国内蒙古等地。1922年，美国自然历史博物馆的一支探险队在蒙古国的戈壁沙漠中发现了第一个伶盗龙的化石标本。两年后，该馆的科学家亨利·费尔德·奥斯本在确定该标本属于一种肉食性恐龙后，将它命名为"蒙古伶盗龙"。

## 身躯

　　伶盗龙具有大型的手部，在结构与灵活性上类似于现代鸟类的翅膀骨头。伶盗龙尾椎上侧的前关节突出使得它的尾巴僵直，整个尾巴的垂直方向几乎不能弯曲，这样可以帮助伶盗龙在高速奔跑时保持平衡和灵活转向。

### 伶盗龙（小名片）

- ◎名称：伶盗龙
- ◎时期：白垩纪晚期
- ◎外形：体长约2米，重15千克
- ◎属目：蜥臀目兽脚亚目
- ◎分布：蒙古国、中国

## 头 部

　　伶盗龙具有相当长的头颅骨，长达25厘米。它的口鼻部向上翘起，使得上侧有凹面，下侧有凸面。它嘴内长有26~28颗牙齿，牙齿的间隔比较大，后侧有着明显的锯齿边缘。它的大脑较大，这表明它是一种非常聪明的恐龙。

## 行 动

　　发现于1971年的化石标本"搏斗中的恐龙"，保存了伶盗龙和原角龙搏斗时的情形。此化石证明了伶盗龙是活跃的捕食者，也给科学家研究伶盗龙的捕食方式提供了直接证据。

锋利且又灵活的爪子。

## 四肢

　　伶盗龙的手部有三根锋利且大幅弯曲的指爪，第二根指爪最长，第一根指爪最短。它腕部的骨头结构可以做出往内转以及向内抓握的动作，十分灵活。它们依靠后肢的第三和第四趾行走，后肢的第二脚趾可以向上收起离开地面，并长有大型的镰刀状趾爪。

在肉食性恐龙当中，我可不是好惹的！

## 生活

　　伶盗龙可能在某种程度上是温血动物，因为它猎食时必须消耗大量的能量。伶盗龙的身体覆盖着羽毛，而在现代的动物中，具有羽毛或毛皮的动物通常是温血动物，它身上的羽毛或毛皮可以用来隔离热量。

居然敢小瞧我们！

### 趣味小阅读

　　伶盗龙曾出现在各式各样的电影和电视节目中。美国探索频道的纪录片《恐龙星球》细致地记述了一只雌性伶盗龙的故事。在英国BBC的《与恐龙同行》特别节目《镰刀龙探秘》《恐龙凶面目》中，伶盗龙都曾有登场。

# 双冠龙

双冠龙是生存于侏罗纪早期的恐龙。成年双冠龙身长可达6米，站立时头部高约2.4米。双冠龙头顶上长着两片大大的骨冠，故名"双冠龙"。

## 捕食之谜

有传闻说，双冠龙在捕食猎物的过程中，有时会突然喷出一口可怕的毒液，使猎物失去知觉。如果在一场捕食搏斗中，有小动物咬中了它的头冠，它会感到疼痛。为了保护自己的头冠，有时它会放弃猎物，另找其他食物。

## 双冠龙（小名片）

- 名称：双冠龙
- 时期：侏罗纪早期
- 外形：体长6米，重500千克
- 属目：蜥臀目兽脚亚目
- 分布：美国亚利桑那州

## 头 部

双冠龙最明显的特征是头颅骨顶端有一对圆形头冠，这些圆冠相当脆弱，不能作为武器，可能是一种视觉辨识物。双冠龙头颅骨的另一个特征是它前上颌骨与上颌骨之间有个凹陷区段，形成前上颌骨牙齿与上颌骨牙齿之间的缺口，类似于棘龙科和鳄鱼。它的牙齿长，但齿根短。

## 双冠龙的生活

双冠龙是已知年代最早的侏罗纪肉食性恐龙之一。它是一种凶恶的怪兽，生性懒惰，通常以腐食为生。

科学家说我是很懒的恐龙。

49

## 发现

1943年，美国古生物学家塞缪尔·威尔斯发现了第一个双冠龙标本。1970年，塞缪尔·威尔斯重回发现处测定该地区的年代，又发现了一个新标本。这个新标本具有明显的两个冠饰，他才意识到这是一个独立的属，于是把它命名为双冠龙。

## 身躯

双冠龙整个身体骨架极细。它的头部有两块骨脊，呈平行状态。双冠龙后肢比较长，它的脖子强壮灵活，能够轻易地搜寻并撕扯猎物。它的尾巴也很长，根部很粗，越到尾端越细。

## 行动

双冠龙能够飞速地追逐草食性恐龙，像是全力冲刺追逐小型、稍具防御能力的鸟脚类恐龙，或者体型较大、较为笨重的蜥脚类恐龙，如大椎龙等。在追到猎物后，它就会用长牙咬住猎物的脖颈，同时挥舞脚趾和手指上的利爪去抓紧猎物。

我头上的双冠是我的骄傲！你也觉得很漂亮、很威武吧！

### 趣味小阅读

双冠龙多次出现在大众文化之中，最著名的是曾在电影《侏罗纪公园》中被描述为可以像眼镜蛇一样射出毒液，使猎物失明且瘫痪，以及拥有类似褶伞蜥的可收缩的皱褶。

# 高棘龙

高棘龙，又名高脊龙、多脊龙或阿克罗肯龙，意为"有高棘的蜥蜴"，生活在约1.2亿~1.08亿年前白垩纪早期的加拿大。如同大部分恐龙的属，高棘龙只有单一种，阿托卡高棘龙，于1950年被命名。

## 身躯

高棘龙的脊椎很多部分都有高大的神经突，它是相当大型的兽脚亚目恐龙之一。高棘龙肩膀的转动幅度很小，手臂往往无法垂直地往下摆。而且，它的手肘活动范围也很小。但它的尾巴长而重，可以平衡头部与身体的重量。

## 高棘龙（小名片）

- ⊙名称：高棘龙
- ⊙时期：白垩纪早期
- ⊙外形：体长约11米，重5吨
- ⊙属目：蜥臀目兽脚亚目
- ⊙分布：美国、加拿大

## 头部

　　高棘龙的头颅骨较长，脑部形状稍微呈S形。高棘龙的眼眶前孔相当大，眼睛前方的泪骨并没有角冠，鼻骨上有长而低矮的棱脊。它的上颚两侧各有19颗锯齿状的弯曲牙齿，但下颚牙齿的数量不明。高棘龙的嗅球很大，呈球根状，可见它的嗅觉很好。

## 生活

　　高棘龙可能是一种顶级猎食者，它以大型蜥脚类恐龙为食。它猎食的对象可能有蜥脚类的腕龙、体积庞大的波塞东龙以及大型草食性恐龙，如易碎双腔龙等。

> 我的嗅觉可是很厉害的，你可别小瞧哦！

## 四肢

　　高棘龙的手部有三根手指，上有指爪。它的第一、第二指爪总是弯曲的，而最小的第三指爪则可往内侧和外侧摆动。高棘龙不擅长快速奔跑。它的后肢骨头较为粗壮，如同其他兽脚类恐龙，它的脚掌有四根脚趾，第一趾小于其他脚趾，无法接触地面。

## 行　动

　　高棘龙是一种大型的双足肉食性恐龙，当它跳到猎物的身上时，就会立刻用牙齿攻击猎物。当猎物感到疲惫时，高棘龙会再咬住它的长脖子，给予猎物致命一击。

　　我是大型的兽脚亚目恐龙之一，而且嗅觉很灵敏。

## 发　现

　　高棘龙的完整模型标本以及副模标本，包含了两个部分的骨骼以及一小片的头颅骨。直到20世纪90年代，高棘龙两副较完整的骨骼才被发现。

### 趣味小阅读

　　在美国得克萨斯州中部的玫瑰谷地层，保存有许多恐龙的足迹，包含大型、三趾兽脚亚目的足迹。

# 蜥脚恐龙

　　蜥脚亚目恐龙属于蜥臀目恐龙中的一大亚目，主要生活在三叠纪时期。那时陆地上的统治者就是巨大恐龙群，其中的主角则是有100多个种类的蜥脚亚目恐龙。蜥脚亚目恐龙中身长最大的超过30米，有很长的颈和尾，粗壮的四肢支撑着如大酒桶般的身躯。

　　蜥脚亚目恐龙的成员很多，但在6500万年前的大灭绝中全部消失了。蜥脚亚目恐龙的明星代表有板龙，腕龙，马门溪龙，圆顶龙，大椎龙，梁龙，鲸龙，雷龙，萨尔塔龙，峨眉龙……

# 板龙

　　在三叠纪晚期，也就是距今2.2亿~2.1亿年前，在法国、瑞士和德国境内生活着一种恐龙。这种恐龙在1837年被叙述并命名为"板龙"，它是最早被命名的恐龙之一。它是蜥臀目蜥脚亚目草食性恐龙的一属，它以植物为食的第一种巨型恐龙。

## 身躯

　　板龙的前肢比较短小，后肢比较粗长。它前肢掌部有5个指头，拇指上有能够灵活运动的大爪子，不但能够驱赶敌害，还能抓取食物。板龙尾部非常肥厚，并且十分有力，常常用来攻击敌害。

## 板龙（小名片）

- ◎名称：板龙
- ◎时期：三叠纪晚期
- ◎外形：体长6~8米
- ◎属目：蜥臀目蜥脚亚目
- ◎分布：欧洲

## 生活

　　板龙以高大植被为食，如针叶树与苏铁。如同它的近亲大椎龙，板龙可能吞食胃石以协助消化食物，这是因为它缺乏咀嚼用的颊齿。板龙与在它之前生存的任何一种恐龙都不同，它可以够到最高树木的树梢。

## 头 部

　　板龙的头比许多原蜥脚类恐龙都要坚固得多，它的颈部比较细长。它有长长的口鼻部，口内生有许多小型、叶状和位于齿槽中的牙齿。板龙的颌部关节位置比较低，这能够给下颌肌肉提供更大的力量。

## 体型差异

　　板龙的体型比其他类似的恐龙还要强壮，如近蜥龙。有些板龙在12岁时达到最大体型，而有的则要长到30多岁才达到最大体型。成年以后的板龙标本大小也有不同，有些体长为4~6米，有一些则可达10米。

## 死亡之谜

　　板龙是在群体穿越干旱、类似沙漠的地区寻找新食物来源时集体死亡的。个别板龙居住于干燥的高地上，当它们死亡后，洪水将它们的遗体冲到了沙漠边缘低处的河道末端。

我是以脖子长为美哦！

# 肢

板龙外侧的两根手指较短，中间两根比较长，还有一大拇指，能够灵活地向后弯曲。板龙的手指在行走时按地上就像脚趾，如果它想抓东西，5根指爪就会弯曲，向前紧紧地攥成一个拳头的形状。板龙主要依靠四肢行，也会进行直立行走。

我们喜欢群体活动，喜欢在一起寻找食物。

## 趣味小阅读

电影《历险小恐龙2》中出现了板龙。板龙也曾出现在微软的游戏《动物园大亨：侏罗纪》中，是一只可抚养的恐龙。

# 腕龙

在侏罗纪晚期，也就是距今1.5亿~1.45亿年前，在现在的美国科罗拉多州西部和坦桑尼亚地区生活着一种恐龙，这种恐龙后来被命名为"腕龙"。腕龙是曾经生活在陆地上的最大的动物之一，也是最有名的恐龙之一，是蜥脚下目的一属巨大草食性恐龙。

## 头部

腕龙与其他恐龙有着明显的区别，它有着非常小的脑袋，显得不是那么聪明。它的头颅骨生有非常密的小孔，主要是帮助减轻头部重量。它有长长的脖子，口部较长，但却显得低矮。它的颌部结实厚重，牙齿呈竹片状。它的鼻子长在头顶上。

我最喜欢的就是我的脖子。

**腕龙（小名片）**

- 名称：腕龙
- 时期：侏罗纪晚期
- 外形：体长23米，重30~50吨
- 属目：蜥臀目蜥脚亚目
- 分布：北美、非洲

## 身躯

　　腕龙的身体过于笨重，它主要依靠粗壮的四肢来支撑身体。它的肩膀离地大约5.9米，头抬高时，离地面大约有12米，相当于4层楼的高度。由于它的前腿比后腿长，使得它肩部高耸，而臀部很低，看上去向后倾斜，就像长颈鹿。

## 生活方式

腕龙喜欢集体生活，并且经常成群结队而行。它们胆子非常小，肉食性恐龙一来，它们就纷纷跑进水里躲藏起来。尽管拥有强壮的四肢，但它们的行动依旧不便，只能在有水的地方活动，靠浮力来减轻些体重，同时也躲避肉食性恐龙的袭击。

## 产蛋与育子

腕龙在产蛋时从来不做窝，它喜欢一边走路一边产蛋，这样它产的蛋就形成了一条线。另外，腕龙不是一个好的母亲，幼龙破壳而出后，它从来不去照看哺育。

## 脑袋之谜

拥有巨大身躯、很长脖子的腕龙，却长着一个小脑袋。头脑是指挥身体行动的"司令部"，脑量很少的话，就不能协调身体运动。为了解决这一问题，腕龙的中枢神经系统在腰部变大、膨胀，形成一个神经节，来替大脑分管内脏和四肢的运动。

## 四 肢

腕龙主要依靠四肢行走。它的前肢比较长，一个成年人的高度最多也只能够到它的膝盖。它的后肢短粗，每只脚有5个脚趾，前脚的第一趾跟后脚的前三趾，都长有锐利的爪子。

### 趣味小阅读

以前，科学家认为腕龙的鼻孔是在其头顶上，就像潜水用的呼吸管，它会大部分时间潜入水中以支撑其体重。但是，最新的研究指出，腕龙其实是陆地上的动物，水压反而会妨碍它们的呼吸。

# 马门溪龙

　　侏罗纪中晚期，也就是距今1.55亿~1.45亿年前，在现在的我国内蒙古地区生活着一种恐龙，这种恐龙最初是在马门溪地区被发现的，因此被命名为"马门溪龙"，它是中国发现的最大的蜥脚类恐龙之一。马门溪龙是一种草食性恐龙，与雷龙外形非常相似，唯一的不同就是脖子长度。

## 生活方式

　　马门溪龙生活的区域覆盖着茂密的树林，当它穿越树林时，就会用钉状牙齿啃食树叶。通常情况下，它主要依靠四足行走，此时它的尾巴挺直，用来保持身体平衡。若是在交配季节，它就会用尾巴攻击敌方。

## 骨骼

　　马门溪龙的背椎约12个，而尾椎相对较少。它的颈椎呈后凹形，背椎坑窝构造发育不是十分完善。它的腰椎呈现明显的后凹形，前尾椎呈前凹形，后尾椎呈双平形。它的脊骨较粗，在脊骨中央有一个耻骨突；坐骨细长，胫骨近端粗壮，长度大致相等，胫腓骨呈现扁平状。

## 马门溪龙（小名片）

- ◉ 名称：马门溪龙
- ◉ 时期：侏罗纪中晚期
- ◉ 外形：体长16~45米，重20~55吨
- ◉ 属目：蜥臀目蜥脚亚目
- ◉ 分布：中国

## 颈 部

马门溪龙的颈部很长，差不多占体长的一半。它颈部下方有很长的肋骨，颈椎骨多至19个，远超其他蜥脚类恐龙的颈椎数目。虽然它的颈椎长而细，但并不灵活。它主要借助头部、肩部关节来活动。不过，它颈部的肌肉比较强健，很容易支撑起它的脑袋。

## 头 部

马门溪龙的脑袋较小，头骨较轻，头骨上有许多孔洞。下颌比较瘦长，是马门溪龙最显著的特征。它的牙齿较小，呈钉状。它的眼睛大而圆，并且具有巩膜环，能够根据光线的强弱自动调节。

## 身 躯

马门溪龙身体的长度和一个网球场一样长，是已知颈部最长的动物。马门溪龙的长脖子使它能轻松地吃到高处的树叶，也使它的身形显得非常苗条，而从整个身躯来看，它20~55吨的体重也并不显得笨重。

即使再高的树我都能够得着。

## 头小身大之谜

科学家经研究发现，在合川马门溪龙脊椎骨上，有一个比脑子大的神经球，也可称"后脑"。后脑起着中继站的作用，它与马门溪龙头部的脑子联合起来支配全身运动。由于神经中枢分散在两处，所以马门溪龙是一个行动迟缓、好静的庞然大物。

## 趣味小阅读

马门溪龙的天敌是永川龙。永川龙是一种肉食性恐龙，身躯庞大，体重可达35吨。永川龙的头部狭长，呈三角形，它的口中长满了锐利牙齿，趾上长有锐利爪子。马门溪龙稍不注意就会丧生于永川龙之口。

# 鲸龙

在侏罗纪中晚期，也就是距今约1.81亿~1.69亿年前，在现在的非洲北部、英格兰地区生活着一种恐龙，在1972年由一位名叫许纳的美国古生物学家命名为"鲸龙"。它确实与鲸鱼非常相似，是发现最早的恐龙之一。

## 生活方式

鲸龙生活范围有限，主要生活在中生代浅海区域。由于颈部不太灵活，鲸龙只能在很小的范围内左右摇摆。所以，鲸龙只能低头喝水或者啃食蕨类和小型树木的嫩叶。它无法啃食高高在上的多汁的树叶。

## 鲸龙（小名片）

◎ 名称：鲸龙
◎ 时期：侏罗纪中晚期
◎ 外形：体长18米，重26吨
◎ 属目：蜥臀目蜥脚亚目
◎ 分布：欧洲、非洲

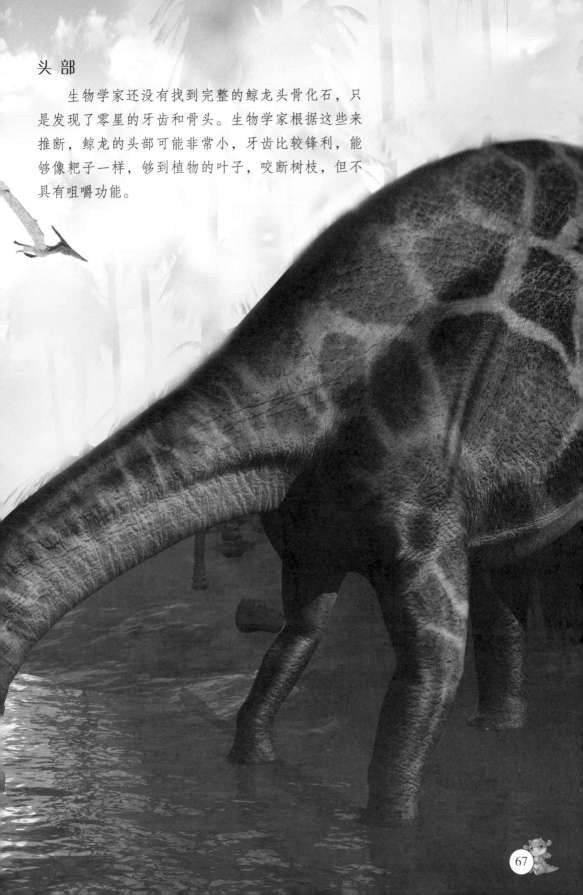

## 头 部

　　生物学家还没有找到完整的鲸龙头骨化石，只是发现了零星的牙齿和骨头。生物学家根据这些来推断，鲸龙的头部可能非常小，牙齿比较锋利，能够像耙子一样，够到植物的叶子，咬断树枝，但不具有咀嚼功能。

## 发 现

1841年，有人在英国怀特岛郡发现了一节脊骨、一节肋骨和一节前臂骨。当时，由于还没有恐龙这个名称，英国动物学家、古生物学家理查德·欧文就以零星发现的牙齿和骨头为其命名。1842年，欧文正式将这一类生物命名为恐龙。

## 近亲

展示在我国四川省自贡市自贡恐龙博物馆中的蜀龙是鲸龙的近亲。蜀龙是一种独特的蜥脚下目恐龙，生存于约1.7亿年前的侏罗纪中期的四川。蜀龙身长10米，高3.5米，脊椎构造简单。

## 身躯

鲸龙的身材极其庞大，它的颈部与身体一样长，尾巴相对较长，含有最少40节脊骨。它的四肢粗壮有力，能够支撑全身的重量，大腿骨长约2米，体重相当于四五头成年亚洲象。

### 趣味小阅读

除了物种属性外，鲸龙在字面理解上还有其商业属性。"鲸龙"还是商标名称。商标持有人为新乡泵厂有限责任公司。2011年12月28日新乡泵厂有限责任公司注册的"鲸龙"牌商标，核定使用商品为水泵，被认定为河南省著名商标。

# 圆顶龙

在侏罗纪晚期，距今约1.5亿~1.4亿年前，现在的美国犹他州、怀俄明州、科罗拉多州、新墨西哥州等地区生活着一种恐龙。这种恐龙因为有着拱形的头颅骨，所以被命名为"圆顶龙"，它是北美洲最常见的大型蜥脚下目恐龙。

## 身躯

圆顶龙体型庞大，四肢比较粗壮，能够支撑全身的重量。它的前肢较短，后肢较长，前肢长有5指，其中一指长有利爪，向内弯曲，能够给敌人以重创。它的脖子和尾巴要比巨型颈恐龙的短得多，看起来也相对敦实。

### 圆顶龙（小名片）

- ◎名称：圆顶龙
- ◎时期：侏罗纪晚期
- ◎外形：体长18米，重20吨
- ◎属目：蜥臀目蜥脚亚目
- ◎分布：北美地区

## 头 部

　　圆顶龙的头骨较大，有浑圆的头顶，它的头颅具有骨质支柱和窗口般的开孔。在它深陷的眼眶前部，长着两只巨大的鼻孔，耸在头顶上，其眼眶后部还有一个大洞，是用来容纳颌部肌肉的颞颥。圆顶龙嘴部短钝，嘴里的牙齿排列较密。

## 骨 架

　　圆顶龙有着拱形的头颅骨，其名字也因此而来。它的头颅骨比较短，但又非常高。它的鼻骨较钝，可能有洞孔。它的颌部骨头厚实并且强健。

## 脊 骨

　　圆顶龙的椎骨中空，可以减轻身体的重量，便于行动。它的颈椎有12节，颈部肋骨相互重叠，使颈部挺直。它的背部椎骨也有12节，而荐椎只有5节，并且与髋骨连接。它的尾椎达53节，其尾部脊椎的特点是具有分叉骨骼。

## 化 石

　　1925年，首个完整的圆顶龙骨骼化石由查尔斯·怀特尼·吉尔摩尔发现，但这是圆顶龙幼龙的骨骼。后来，数个完整的圆顶龙骨骼相继在美国科罗拉多州、新墨西哥州、犹他州及怀俄明州等地被发现。

## 生活方式

　　圆顶龙通常以集体生活为主，它们没有做窝的习惯，并习惯一边走路一边产蛋。种种迹象表明，它们并不照看自己的孩子。

## 食性

　　圆顶龙是草食性恐龙，主要以蕨类植物的叶子和松树的针叶为食。圆顶龙吃东西时，从不咀嚼，而是将叶子囫囵吞下去，它的消化系统比较强大，还会吞下小石子来帮助消化。当某地食物不足时，圆顶龙就会集体迁徙去寻找新的食物。

## 牙齿生长之谜

　　圆顶龙的牙齿长0.19米，形状像凿子，整齐地分布在颌部。它的牙齿不怕磨损，因为磨损后，过不了多久又会长出新的牙齿来。圆顶龙的牙齿强度显示，它可能比拥有细长牙齿的梁龙科更能吞食较为粗糙的植物。

我的牙齿不仅漂亮，还很锋利哦。

可不要小瞧我们，我们的群体分布在世界各地。

**趣味小阅读**

　　圆顶龙的脊髓在臀部附近扩大。古生物学家原先认为这可能是第二个脑部，用来调节身体动作。现在则认为，虽然在这个位置上可能有着很多的神经，但却不是脑部。这个扩大了的地方比它头颅骨内的脑部大了很多。

# 大椎龙

在侏罗纪早期，距今约2亿~1.83亿年前，在今天的南非、莱索托、赞比亚等地区生活着一种恐龙。在1854年，由英国古生物学家理查德·欧文根据来自南非的化石才将其命名为"大椎龙"，又名巨椎龙。此名在希腊文里意为"巨大的脊椎"。大椎龙是原蜥脚下目的一属，它是最早被命名的恐龙之一。

## 椎骨

大椎龙的身体修长，颈部很长，具有大约9节长颈椎、13节背椎、3节荐椎以及至少40节尾椎。与同为蜥脚亚目的板龙相比，大椎龙的身体较为轻盈。近年的一个发现显示，大椎龙具有发展良好的锁骨，并连接成类似叉骨的形态。

### 大椎龙（小名片）

- 名称：大椎龙
- 时期：侏罗纪早期
- 外形：体长4~6米，重约135千克
- 属目：蜥臀目蜥脚亚目
- 分布：非洲、北美地区

## 颌部之谜

　　大椎龙的上颌突起，这可能表示它的下颌骨末端的嘴喙部位是皮质的。而大椎龙下颌有一个鸟喙骨隆突，这个鸟喙骨隆突较浅平一些，但也能够控制下颌肌肉。大椎龙颌部关节在上排牙齿的后方，它的牙齿很小，可以咬碎树叶，但咀嚼功能不强。

## 头部

　　大椎龙的头部较小，有许多窝孔，这不但减轻了头部重量，还能够提供肌肉附着处，并且容纳了感觉器官。它的鼻孔呈椭圆形，位于头部前方。在鼻孔与眼睛之间有一个眶前孔。

## 食性之谜

　　大椎龙在最初被发现时，人们认为它是草食性恐龙，但随着对大椎龙化石研究的深入，部分古生物学家认为，大椎龙除了以植物为食外，还会以小型动物或动物尸体为补充食物，应属于杂食性恐龙。不过，大多数人还是认为大椎龙是一种草食性恐龙。

## 生活方式

　　科学家研究发现，大椎龙可能生活在植物茂盛的河沼地区，主要以枝叶为食。它通常寻找地上的植物，偶尔也会以高大树木的嫩叶为食。有人曾经在大椎龙的化石中发现了胃石，古生物学家们认为这些胃石可能是大椎龙用来帮助消化的。

你给我站住！

## 身 躯

　　一只成年的大椎龙若靠两条后肢站起来的话，头部可以够到双层公共汽车的顶部。大椎龙的四肢比较瘦长，前肢健壮有力。它的前肢上长有5根指头，拇指上长有锐利的爪子，这种爪子既可用来协助进食，又可抵御敌害。

哼！敢跟我们这么近，我看你是找死吧！

### 趣味小阅读

　　大椎龙的近亲是1979年在阿根廷发现的鼠龙。鼠龙是迄今发现的最小的恐龙，是一种生活在三叠纪晚期的草食性恐龙。其幼龙体长只有0.2米，成年鼠龙可达5米，体重约120千克。

# 梁龙

在侏罗纪晚期，也就是距今约1.5亿~1.45亿年前，在今天的北美洲西部地区生活着一种恐龙。1878年，由美国古生物学家奥塞内尔·查利斯·马什命名为"梁龙"。梁龙是最容易确认的恐龙之一，它有着巨大的体型、长颈、尾巴及强壮的四肢。很多年前，它一直被认为是最长的恐龙。它的体型足以阻吓同一地层发现的异特龙及角鼻龙等猎食动物。

### 梁龙（小名片）

- ◎名称：梁龙
- ◎时期：侏罗纪晚期
- ◎外形：体长25米，重10吨
- ◎属目：蜥臀目蜥脚亚目
- ◎分布：北美洲西部地区

## 头 部

　　梁龙的脑袋纤细小巧，脖子细长，脸部比较狭长，鼻孔长在头顶上。梁龙的牙齿非常小，嘴前部的牙齿有些扁平，可以切断枝叶。但其嘴部两侧及后部无牙齿，因而它只能吃些柔嫩多汁的植物。梁龙进食时从来不咀嚼，而是将食物囫囵吞下。

## 长颈之谜

　　如果梁龙颈部抬得太高，颈椎便会因为承受过大的压力而断裂。所以，梁龙的颈部一般只是稍微上倾。长颈的用途是当梁龙低头进食低矮植物时可以不需要移动身体，便可以涉食到很大范围内的植物。

## 生活方式

　　古生物学家研究化石后证明梁龙是在陆地上生活，以高大树木顶端的嫩叶为食。由于梁龙要进食大量的食物，又没有用来咀嚼食物的牙齿，所以它会吞食卵石来帮助消化。当它把某一区域的食物吃完后，就会迁徙到植物生长茂盛的地区。

## 骨架

从脑袋到尾巴顶梢，梁龙的身体由中轴骨骼连接。梁龙的脖子较长，大约由16块脊椎骨组成。梁龙的胸骨和背骨相对较少，只有11块。但它的尾部却有大约70块尾椎骨，它尾部中段的尾椎骨能够着地。

## 身躯

梁龙的身躯瘦小，四肢粗壮。梁龙的前肢短粗，后肢比较粗长，臀部较高；梁龙每只脚上有5根脚趾，其中一个脚趾长着巨大弯曲的爪子。它的尾巴像一条长鞭子，能够弯曲。当梁龙用后腿站立时，它的尾巴可以支撑身体，方便梁龙用巨大的前肢来自卫。

### 趣味小阅读

梁龙的近亲地震龙是超大恐龙中的代表，生存于侏罗纪晚期。地震龙体长约40米，体重达31~40吨。地震龙是草食性恐龙，从不主动进攻其他恐龙，不过其他恐龙也轻易不敢惹它，因为它硕大的身体能把进攻者压死。

# 雷龙

　　雷龙是一种大型的草食性恐龙。最早在1879年被奥塞内尔·查利斯·马什发现并命名。尽管是很早就被人们所熟知的恐龙，但长时间以来，人们都将雷龙与迷惑龙混为一谈，直到2010年才终于被正名，成为不同于迷惑龙的另外一种恐龙。

## 体　型

　　雷龙的体型较大，是已知陆地上存在的最大的动物之一。它的前肢较短，后肢较长，尾巴长约9米。在正常行走时，雷龙的尾巴是不会着地的。它的前肢有一个大指爪，后肢的前3个脚趾都有锐利的趾爪。

### 雷龙（小名片）

- ◎名称：雷龙
- ◎时期：侏罗纪晚期
- ◎外形：体长23米，重25吨
- ◎属目：蜥臀目蜥脚亚目
- ◎分布：亚洲、美洲、非洲

## 头 部

　　雷龙的头部形状与马的头部相像，且头部较小，脖子较细长，大约有8米长。雷龙的牙齿比较少，长在颌骨的前部，牙齿呈现棍棒状，与铅笔头非常像。雷龙的鼻孔位于头部前方，但是却只有一个鼻孔。

## 食量之谜

　　雷龙的体重相当于40头牛的重量。如果按一头牛一天要吃几十千克草计算，那么，40头牛一天要吃的草，数量该是非常惊人的。一群庞大的雷龙可以在短短几天内摧毁一片树林。

## 骨骼

　　雷龙的头骨较短，从侧面看像一个三角形，并且嘴部较低。雷龙的颈部椎骨与梁龙相比，显得较短，只有四肢骨骼比较结实、厚重。它尾部的脊椎骨结构和梁龙尾部的脊椎骨结构基本相似，被认为是比梁龙更粗壮的恐龙。

## 生活方式

　　雷龙可能成群结队而行。由于雷龙体型庞大，需要吃掉大量食物，花费的时间漫长，所以它进食时不咀嚼，会把食物整个吞下去。等到食物滑落到胃里后，会被它提前吞下的小石头碾磨成糊状，再被胃部慢慢消化吸收。

## 四肢

雷龙的四肢比较粗壮，脚掌比较大，每个脚掌都如同一把张开的小伞。因为雷龙身体的后半部比前肩略高，所以后肢更加强壮有力。通常情况下，雷龙可能会利用后肢站立，这样就能吃到高大树木上的枝叶了。

大家快看，那边好像有美食！

**趣味小阅读**

古生物学家重新将雷龙归类为梁龙科梁龙亚科下的独立属。目前，雷龙属下包括有三个种：秀丽雷龙、小雷龙及胸饰雷龙。而迷惑龙属下则包括两个种，即埃阿斯迷惑龙和路氏迷惑龙。

# 萨尔塔龙

萨尔塔龙又名索他龙，意为"萨尔塔省的蜥蜴"，是蜥脚下目恐龙，生存于白垩纪晚期。萨尔塔龙是由约瑟·波拿巴与杰米·鲍威尔在1980年首次叙述、命名的。如同所有蜥脚类恐龙一样，萨尔塔龙也是草食性动物。

### 萨尔塔龙（小名片）

◎名称：萨尔塔龙
◎时期：白垩纪晚期
◎外形：体长12米
◎属目：蜥臀目蜥脚亚目
◎分布：阿根廷

这下看你还跑吗？

## 身 躯

萨尔塔龙的颈部结构显示它无法将头部高抬过肩膀。它的每节颈椎都有一个骨质棘，髋带多出一节脊椎骨，尾椎拥有互相交锁球窝关节。曾有理论认为，它可能靠后肢站立，并将尾巴当成第三支柱。

## 头 部

萨尔塔龙拥有类似梁龙科的头部，牙齿仅位于嘴部的后方，而且牙齿是钝的。

## 趣味小阅读

萨尔塔龙的属名取自阿根廷西北部的萨尔塔省，也是首次发现它们化石的地点。萨尔塔龙的化石也发现于乌拉圭。萨尔塔龙的属名有时会与三叠纪的跳龙产生混淆，然而这两个属非常不相似。

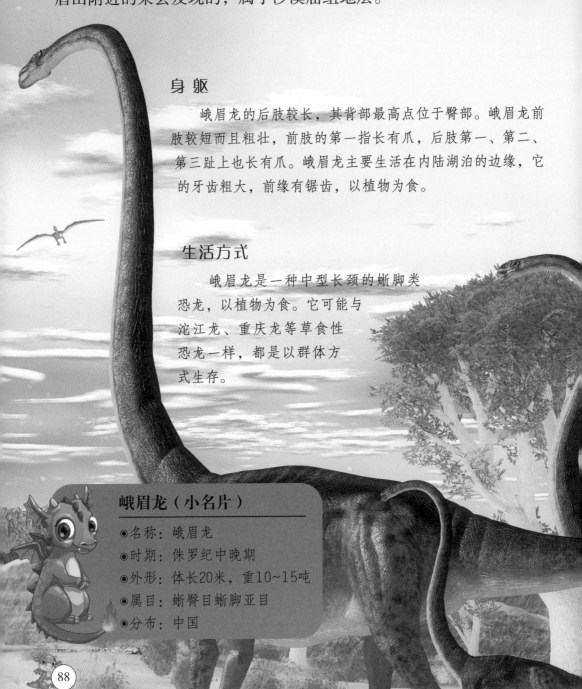

# 峨眉龙

峨眉龙，生存于侏罗纪中晚期（巴通阶到卡洛维阶）的中国。它的属名来自峨眉山，峨眉龙的化石是在1939年由杨锺健等人在峨眉山附近的荣县发现的，属于沙溪庙组地层。

### 身躯

峨眉龙的后肢较长，其背部最高点位于臀部。峨眉龙前肢较短而且粗壮，前肢的第一指长有爪，后肢第一、第二、第三趾上也长有爪。峨眉龙主要生活在内陆湖泊的边缘，它的牙齿粗大，前缘有锯齿，以植物为食。

### 生活方式

峨眉龙是一种中型长颈的蜥脚类恐龙，以植物为食。它可能与沱江龙、重庆龙等草食性恐龙一样，都是以群体方式生存。

## 峨眉龙（小名片）

- ◎名称：峨眉龙
- ◎时期：侏罗纪中晚期
- ◎外形：体长20米，重10~15吨
- ◎属目：蜥臀目蜥脚亚目
- ◎分布：中国

## 头部

　　峨眉龙拥有典型的庞大身体与长颈部，头部呈楔形。它的头部比较大，头骨高度为长度的二分之一多。它的颈椎很长，所以脖子显得特别长。峨眉龙的鼻孔位于鼻部前端，而非头顶。

　　在恐龙里边，我的脖子算是比较长、比较漂亮的哦。我最美，哈哈！

## 发现

　　峨眉龙的第一个标本在1939年被发现，大部分化石则是在20世纪70年代到80年代才出土。目前已有六个种被命名，包含模式种荣县峨眉龙、长寿峨眉龙、釜溪峨眉龙、天府峨眉龙、罗泉峨眉龙和毛氏峨眉龙。它们大多是以化石发现地命名。

### 趣味小阅读

　　目前可以在自贡市自贡恐龙博物馆与重庆市北碚博物馆看到已架设的峨眉龙骨骸。

# 阿马加龙

从侏罗纪到白垩纪，在南半球曾有一块超大陆"冈瓦纳"。在代表冈瓦纳的恐龙中，有一种在脖子后方有两列长棘刺的恐龙，这就是阿马加龙。阿马加龙是叉龙科下的一个属，生活在白垩纪时期的南美洲地区。它是小型的蜥脚下目恐龙，约有10米长。

## 食 性

阿马加龙是草食性恐龙，有着长而扁的头颅骨及长颈，与其亲属叉龙相似。它用四肢行走，喜欢一边走，一边吃树叶。

**阿马加龙（小名片）**

- 名称：阿马加龙
- 时期：白垩纪早期
- 外形：体长9~10米
- 属目：蜥臀目蜥脚亚目
- 分布：阿根廷、阿马加河流域

## 生活方式

　　阿马加龙生活于白垩纪早期，主要分布在阿根廷、阿马加河流域地区。阿马加龙是一种很奇怪的蜥脚类恐龙，它们背上有两排鬃毛状的长棘，有人推测它的用途是为了迷惑食肉恐龙，使它们认为阿马加龙很大，不适合捕杀。

## 神经棘

　　阿马加龙的最大特征是有两列被称为"神经棘"的棘刺，从头部到背部的背骨中长出。由于棘刺细而易损，所以不宜用于防御。"神经棘"既有可能是区别同伴与其他种的标记，也有可能是雌、雄差别的标记。

### 趣味小阅读

　　阿马加龙于1991年由阿根廷古生物学家利安纳度·萨尔加多及约瑟·波拿巴命名，因为它的化石是在阿根廷内乌肯省的La Amarga峡谷被发现的。

# 葡萄园龙

葡萄园龙是泰坦巨龙类下的一属，生存于白垩纪早期的欧洲地区。

## 葡萄园龙（小名片）

- 名称：葡萄园龙
- 时期：白垩纪早期
- 外形：体长15米
- 属目：蜥臀目蜥脚亚目
- 分布：法国南部

## 身躯

　　葡萄园龙与大部分蜥脚下目恐龙相似，有着长颈及长尾巴。葡萄园龙的背部有皮内成骨形成的鳞甲。它由鼻端至尾巴可长达15米。

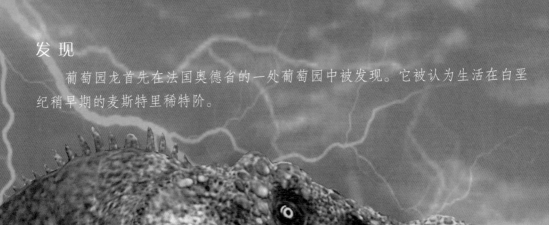

## 发 现

　　葡萄园龙首先在法国奥德省的一处葡萄园中被发现。它被认为生活在白垩纪稍早期的麦斯特里稀特阶。

**趣味小阅读**

　　葡萄园龙曾短暂出现于BBC的纪录片《恐龙星球》第三集中。

# 鸟脚恐龙

　　鸟脚亚目恐龙出现于侏罗纪早期，一直延续到白垩纪晚期，在地球上生活了一亿多年。因为它们用强壮的后肢奔走，有的地方很像鸟，所以叫鸟脚亚目恐龙。

　　这类恐龙的前上颌骨发育良好，牙齿的变化很大。它们体型的大小变化也很大，从最小的不到1米长的异齿龙，到中等大小的棱齿龙，再到巨大的禽龙和鸭嘴龙，都显示了这一类恐龙的多姿多彩……

# 弯龙

　　在侏罗纪晚期至白垩纪初期，现在的欧洲西部和美国西部生活着一种恐龙，中文学名叫"弯龙"。弯龙是禽龙的近亲，体形和禽龙很相似。

我们弯龙主要生活在欧洲西部和美国西部地区。

## 弯龙（小名片）

◎名称：弯龙
◎时期：侏罗纪晚期至白垩纪初期
◎外形：体长5~7米，重约1吨
◎属目：鸟臀目鸟脚亚目
◎分布：欧洲西部、美国西部

## 头部

　　弯龙的牙齿排列紧密，但有大范围的磨损，这显示它们以坚硬的植物为食，叶状牙齿位于嘴部后段，拥有骨质次生颚，使它们进食时可以同时呼吸。灵动的颌部关节，使它们的颊部可前后移动，上下颊齿便可产生研磨的动作。

## 躯体

　　弯龙脊椎骨神经棘侧边的筋腱呈交错形态，可协助强化脊柱并使背部硬挺。荐椎有五六节，弯龙与禽龙的每节荐椎间都有特殊的桩窝关节，可进一步强化脊柱。骨盘下部的骨头朝后，可容纳更大的肠道。

## 行动

　　虽然弯龙的身体很重，但由化石足迹来判断，它们除了用四肢来行走外，也能够以双足行走，但由于身体笨重，可能行动迟缓。它们可能以鹦鹉般的喙嘴来吃苏铁科植物。

## 生活

　　弯龙大部分时间都用四肢着地，吃长在低处的植物，但它也能用后腿直立起来去吃长在高处的植物或躲避天敌。

我是弯龙，我的脖子比较弯，是不是很有个性呢？

## 四肢

弯龙的手部有五根指头，前三根有指爪。拇指最后一节是马刺状的尖状结构，与禽龙的笔直尖爪不同。从化石足迹显示，它的手指间没有肉垫相连，这点也与禽龙不同。

**趣味小阅读**

在19世纪末至20世纪初，当马什在描述北美洲的弯龙物种时，在欧洲也有大量被认为是弯龙的物种，包括霍格氏弯龙、利氏禽龙、普莱斯特维奇弯龙和凡登弯龙。

# 异齿龙

在侏罗纪早期，也就是距今2亿~1.9亿年前，现在的非洲南部地区生活着一种恐龙。这种恐龙的名字源于它长有3种不同的牙齿，故被命名为"异齿龙"。异齿龙与大多数鸟脚类恐龙一样，是行动敏捷、奔跑迅速的两足草食性恐龙，其尖尖的长牙齿和强健的前肢使其成功地在残酷的环境中生存下来。

在旱季缺乏食物时，我们就集体迁往海边，途中要横越沙漠，忍受酷暑和口渴。

## 异齿龙（小名片）

- ◉ 名称：异齿龙
- ◉ 时期：侏罗纪早期
- ◉ 外形：体长1米，重14~300千克
- ◉ 属目：鸟臀目鸟脚亚目
- ◉ 分布：非洲南部

## 四 肢

　　异齿龙的前肢非常健壮。异齿龙长有五指，与人类的手指非常相似。五指中，第一指最大，指端长有可以灵活弯曲的锋利爪子；第二指比第三指略长一些，第四指和第五指相对来说比较小，结构也非常简单。

## 生活环境

　　异齿龙主要生活在半沙漠化的地区。异齿龙是迁徙性的动物，通常情况下，异齿龙会采用迁徙的方式去寻找食物和水源。但当一年中最干旱的季节到来时，异齿龙则会经历季节性的夏眠或冬眠。

## 调节体温之谜

异齿龙背上的帆状物可能是用来调节体温的，背帆的表面可使加热或冷却更有效率；也有可能是用作求偶或是吓唬猎食者的武器。异齿龙的敌人主要是兽脚类恐龙，像沃克龙、角鼻龙、斑龙、鳄龙等肉食性的兽脚类恐龙。

## 尾巴

异齿龙尾部的肌腱并没有骨化，非常灵活。在奔跑中，它的尾巴能起到保持身体平衡的作用。它的尾巴由小骨节构成，这些骨节使尾巴硬挺，就像走钢丝演员手中的杆子一样，用来保持身体平衡。

## 身躯

异齿龙的身躯比较小，头部也偏小，但它长有一双很大的眼睛。异齿龙的上颌长有一种角质的喙，口内长着三种形态不同的牙齿。它主要依靠两足行走，并且非常迅速，有时也会以四足行走。

## 食性

　　对于异齿龙的生活习性，目前还存在着许多不同的看法。异齿龙的颊齿毫无疑问非常适合磨碎植物的粗纤维，但是它也可能是杂食性动物。

　　我的肩膀和掌部关节很强健，能够挖开小动物的巢穴来寻找食物。

**趣味小阅读**

　　有专家认为，异齿龙其实并不是恐龙，尽管它的外形像蜥蜴，但是异齿龙与哺乳类的动物关系较接近，离真正的爬行动物（如恐龙、蜥蜴、鸟等）较远，所以应该将它归类为盘龙目。

# 棱齿龙

在白垩纪早期，也就是距今1.25亿~1.2亿年前，现在的英国威特岛，西班牙泰鲁，美国南达科他州等地区生活着一种恐龙。这种恐龙之前被认为属于年轻禽龙，直到1870年代才被命名为"棱齿龙"。它是一种体形小、动作敏捷、视力敏锐的，依靠两足行走的草食性恐龙。

## 发现

在1849年，棱齿龙的第一个骨骸"出世"了。然而在当时，这些骨头被认为属于年轻禽龙。直到1870年代，英国古生物学家汤玛斯·亨利·赫胥黎才发表了关于棱齿龙的完整叙述。

### 棱齿龙（小名片）

- ◎名称：棱齿龙
- ◎时期：白垩纪早期
- ◎外形：体长2米，重64千克
- ◎属目：鸟臀目鸟脚亚目
- ◎分布：英国、西班牙、美国

## 头 部

棱齿龙的头部只有成人拳头大小，它下颌长有十几颗牙齿，前面几颗牙齿呈圆锥状，其他牙齿齿冠扁平。这些牙齿磨蚀面平坦而倾斜，耐磨性非常强。此外，它还具有一般鸟脚类恐龙的一个重要特点，即上牙齿冠向内弯曲，而下牙齿冠向外弯曲。

## 躯 体

棱齿龙的后肢修长优美，前肢末端有五根粗短的指头，指尖长着坚固的爪子。棱齿龙四肢掌部很适合在陆地上快速奔跑。它后肢上的小腿比大腿长，作用像是一个杠杆的支点。在高速奔跑中，它的尾巴如同平衡杆一样在身体两侧摆动。

## 生 活

棱齿龙大多生活在覆盖着蕨类和植被的冲积平原上，它的身体构造很适宜采食植物以及逃避攻击者。古生物学家猜测，棱齿龙过着群居的生活，它可能像今天的羚羊一样生活。

我们体形小，跟现代的鹿一样，只能吃低处的植被。

**趣味小阅读**

逃跑是棱齿龙自卫的唯一方法，它能够像羚羊一样躲闪和迂回奔跑。它还具有敏锐的双眼，以发现缓缓逼近的肉食性恐龙。

# 副栉龙

在白垩纪晚期，也就是距今7600万年到7400万年前，现在加拿大的亚伯达省、美国的新墨西哥州和犹他州等地区生活着一种恐龙。1922年，这种恐龙被命名为"副栉龙"，又名副龙、栉龙，是鸭嘴龙科的一属。它是一种草食性恐龙。

## 命 名

1920年，加拿大多伦多大学考古队在加拿大埃布尔达省桑德河附近，发现了第一个副栉龙化石标本，该化石被古生物学家威廉·帕克斯命名为"沃克氏副栉龙"。

请你数一数我们这个团队有几只恐龙，有多少只眼睛，有多少条腿？

**副栉龙（小名片）**

◎名称：副栉龙
◎时期：白垩纪晚期
◎外形：体长9米，重2.5吨
◎属目：鸟臀目鸟脚亚目
◎分布：北美洲

## 生活特性

　　副栉龙复杂的头颅骨容许类似咀嚼的磨碎运动。副栉龙的牙齿是不断地生长、替换的，它有数百颗牙齿，只有少量牙齿是一直在使用的。副栉龙使用它的喙状嘴来切割植物，并送入颚部两旁的颊部。

## 头　部

　　副栉龙头顶上的冠饰是它最著名的特征，由前上颚骨与鼻骨构成，从头部后方延伸出去。副栉龙的冠饰是中空的，内部有从鼻孔到冠饰尾端，再绕回头后方，直到头颅内部的管。

## 身　躯

　　科学家只发现过副栉龙的部分身体骨骸。副栉龙脊椎上的神经棘高大，这个特征常见于赖氏龙亚科恐龙，它增加了其背部的高度，使其超过了臀部的高度。此外，科学家通过发现的沃克氏副栉龙的皮肤痕迹，发现副栉龙的皮肤上有瘤状鳞片。

## 分类

　　副栉龙最初被发现时，被认为跟栉龙有亲缘关系，因为它们的冠饰外形相似。不久后，副栉龙重新被归类于赖氏龙亚科，它常被认为是赖氏龙的支系，不同于有头盔状冠饰的冠龙、亚冠龙和赖氏龙。

## 四 肢

　　副栉龙可能在寻找食物时采用四足方式行走，而在奔跑时采用二足方式。目前唯一发现的副栉龙前肢化石显示，它拥有短而宽的肩胛骨。沃克氏副栉龙的化石标本股骨长达103厘米，而且股骨粗壮。另外，副栉龙的上臂与骨盆都很粗壮。

## 生活环境

　　副栉龙生活的地区气候温暖、无霜，但有更明显的干、湿季节变化。针叶树是该地区的优势顶层植物，而底层植物则由蕨类、树蕨以及被子植物构成。

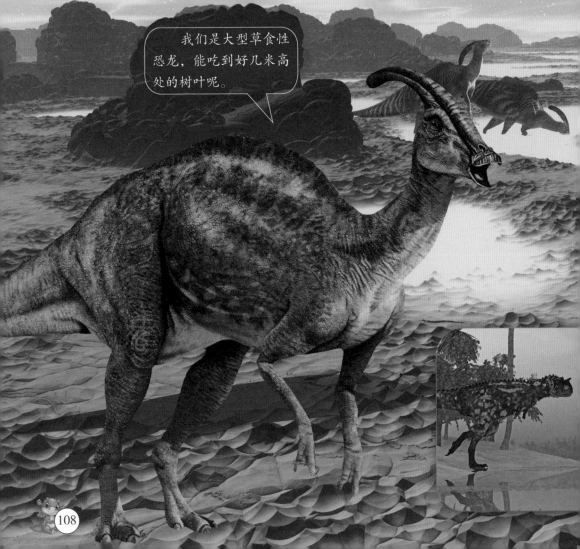

　　我们是大型草食性恐龙，能吃到好几米高处的树叶呢。

## 冠饰之谜

一位古生物学家认为，有小型冠饰的短冠副栉龙，是小号手副栉龙的雌性个体。另一位古生物学者则认为短冠副栉龙是小号手副栉龙的未成年个体。但两个假设都不被科学家认可，因为现在仅发现6个短冠副栉龙的头颅骨。

你别看我的头不大，我可不是小型动物。

### 趣味小阅读

沃克氏副栉龙的化石发现于恐龙公园组，该地层有许多保存良好且多样性的史前动物群化石，包含许多著名的恐龙，如角龙科的尖角龙、鸭嘴龙类的原栉龙、格里芬龙，暴龙科的蛇发女怪龙，以及甲龙科的埃德蒙顿甲龙、包头龙等。

# 无畏龙

　　无畏龙，意为"勇敢的蜥蜴"。无畏龙是一种奇特的禽龙类，生存于白垩纪早期，生活在现在的非洲地区。无畏龙又名"豪勇龙"，身长约7米，推测体重4吨，是草食性恐龙。

## 头 部

　　无畏龙的头部较长并且平坦，它口鼻部比近亲禽龙的口鼻部还长，它嘴部前方没有牙齿。无畏龙的鼻孔比较大，并且离口鼻部非常近。无畏龙头颅后段狭窄，无法提供足够的面积使下颌肌肉附着，而冠状突提供给下颌肌肉更大的附着面积，可形成更强壮的咬合力。

**无畏龙（小名片）**

- ◎名称：无畏龙
- ◎时期：白垩纪早期
- ◎外形：体长约7米，重约4吨
- ◎属目：鸟臀目鸟脚亚目
- ◎分布：非洲地区

## 生 活

　　无畏龙是一种奇特的禽龙类，它生活的时期，夜间寒冷，白天则又干又热。它是一种草食性恐龙，能使用其复杂的齿系咀嚼植物。它可能以树叶、水果、种子等具有高营养价值的植物为食。

## 躯 体

　　无畏龙被认为具有大型隆肉，类似今天美洲野牛的隆肉。隆肉由厚、长的脊椎神经棘支撑，并横跨整个背部与尾巴，类似同时代著名的肉食性恐龙棘龙，以及侏罗纪早期的异齿龙。它的后肢大而结实，脚掌小，有三个脚趾。

## 行 动

　　无畏龙可以用两条腿或四条腿走路。它的后肢强壮有力，足以支撑它的体重。当它需要休息时，它的身体能向前倾斜而用四肢着地，用它蹄状的爪子来保持身体的平衡。

看见我背上隆起的肉了吗？它的作用可是很多呢！

## 隆 肉

　　无畏龙的隆肉可能用来储藏脂肪或水，以度过季节性干旱的气候，如同骆驼的驼峰。隆肉也有可能有吓阻作用，使得无畏龙看起来比实际体型还大，威吓竞争对手或掠食者。

## 四 肢

　　无畏龙的四肢都有拇指尖爪，中间三个指骨宽广，类似蹄状，在生理结构上适合行走。最后一个指骨很长，被推断是用来挑起如树叶、树枝等食物，或者是将可够到的树枝降低高度。

## 发现

1966年，法国古生物学家菲利普·塔丘特在尼日阿加德兹发现了一个鸟脚类化石。1976年，菲利普·塔丘特将这些化石进行叙述、命名，模式种是无畏龙，又称尼日无畏龙。

### 趣味小阅读

当无畏龙在蕨类植物的枝叶中觅食时，肉食性恐龙也许就在一旁埋伏等待。无畏龙不是最机灵敏捷的动物，但它的拇指钉就是最有用的武器。它能刺伤进攻者，使用这种拇指钉就像使用匕首一样。

# 慈母龙

　　在白垩纪晚期，也就是距今8000万~7400万年前，现在的美国的蒙大拿州，加拿大等地区生活着一种恐龙。1979年，在美国蒙大拿，科学家们发现了一些恐龙窝，其中有小恐龙的骨架，于是他们把这种恐龙命名为"慈母龙"，是草食性恐龙。

## 发现

　　1978年，美国乔治·荷奈博士在蒙大拿州成功获得了大量刚刚出壳的慈母龙骨头化石和蛋碎片化石。经仔细研究发现，这都是一些刚孵化出2~3个月的幼年恐龙，它们的脚骨尚未长硬，还不能行走。也就是说，它们还不能随父母外出寻找食物。

### 慈母龙（小名片）

- ◉ 名称：慈母龙
- ◉ 时期：白垩纪晚期
- ◉ 外形：体长9米，重约2吨
- ◉ 属目：鸟臀目鸟脚亚目
- ◉ 分布：美国、加拿大

## 生活

慈母龙的窝在高原地区，以硬质植物为食，习惯群体活动。当一群慈母龙在活动时，身体最强壮的慈母龙会在附近守卫，防止敌人偷袭。雌性慈母龙每年产卵时会回到以前的窝中生产，小慈母龙直到15岁之后，才会离开父母，独立生活。

## 头部

它的长相让人不敢恭维，慈母龙像马一样长着一个长头，其眼睛上方有一个实心的骨质头冠，但这个头冠非常小。慈母龙的颧骨上还长有三角形的突起，它的喙部则比较宽，像鸭的喙部一样。此外，它还有一个有力的颌部。

## 躯体

慈母龙眼睛前方的小型、尖状冠饰，可能在决定自己领袖地位的物种内部打斗中使用。慈母龙用二足或四足方式行走，但习惯四足行走。它的前肢较细，后肢相对粗壮，它还有强壮的尾巴和有力的颌部。

### 趣味小阅读

在一次大灾难中，一群慈母龙被一次火山爆发所产生的灰烬埋藏，骨骼分布在大约2.6平方千米之内，据估算，这一群恐龙可达13.5万只！

# 禽龙

　　禽龙是一种大型鸟脚类恐龙，体长9~10米，高4~5米，前手拇指有一尖爪，可能用来抵抗掠食者。它主要生活在白垩纪早期（距今1.35亿~1.25亿年前）。

禽龙（小名片）

- ◎名称：禽龙
- ◎时期：白垩纪早期
- ◎外形：体长9~10米，高4~5米
- ◎属目：鸟臀目鸟脚亚目
- ◎分布：比利时、英国、德国、法国、西班牙

## 头 部

　　禽龙在同一时间里只有一副准备替换用的牙齿。当它的嘴部闭合时，上下颚的颊齿表面会互相磨合，可磨碎中间的食物，形成类似哺乳类的咀嚼动作。因为它的牙齿是不断替换的，所以它能够终生以坚硬的植物为食。

## 躯 体

　　禽龙是一种大型草食性恐龙，尾巴拥有硬化的肌腱，如果采取三脚架姿势，禽龙的硬挺尾巴将会断裂。若禽龙采取水平的姿势，则更能凸显它的手臂与肩带的特征。

## 行动

禽龙的后脚掌相当长，每只后脚上都长有三根脚趾，它使用手指与趾爪来行走。它以二足奔跑时的最快速度估计为每小时24千米，但它却无法使用四足步态快速奔跑。

## 化石

禽龙的化石多数发现于欧洲的比利时、英国、德国，此外也有一些可能是禽龙的化石，出土于北美洲、中国的内蒙古以及北非。禽龙的化石在1822年首次被发现，并在1825年由英国地理学家吉迪恩·曼特尔进行重新描述。

## 生活

禽龙最先被注意到的特征之一是，它具有草食性爬行动物的牙齿，但科学家对于它如何进食，则没有达成共识。

## 发现

禽龙的发现长久以来被视为传奇故事。那是在1822年，吉迪恩·曼特尔与妻子玛丽·安在拜访一个病人时，玛丽·安在英格兰萨塞克斯郡卡克费耳德村的蒂尔盖特森林的地层中发现了禽龙的牙齿。

## 食性之谜

科学家认为，禽龙可能以离地面4.5米以内的树叶为食，也可能以木贼、苏铁和针叶树为食。一般认为，白垩纪开花植物的出现与禽龙类有关，原因是这些恐龙以低处植被为食。

我到底吃什么植物？嘻嘻，目前只有我自己知道。

## 四肢

禽龙前手拇指有一尖爪，可能用来抵抗掠食者，或是协助进食。禽龙的腕部相当不灵活，手臂与肩膀骨头结实，长而粗壮，相当不容易弯曲。这些特征使得禽龙较习惯采取四足步态。当它采取四足步态时，中间三根蹄状手指可以支撑重量。

## 趣味小阅读

禽龙已出现在数部电影中，如迪士尼的动画电影《恐龙》，主角为一只名为"Aladar"的禽龙，以及它的三个禽龙同伴。禽龙也是哥吉拉的三个形象来源之一，其他两个分别为暴龙与剑龙。禽龙也出现在动画片《历险小恐龙》中。

# 埃德蒙顿龙

在白垩纪晚期，也就是距今约7500万~6500万年前，现在的美国科罗拉多州、犹他州、新泽西州、南达科他州、加拿大艾伯塔省等地区生活着一种恐龙。这种恐龙后来被命名为"埃德蒙顿龙"。它是鸭嘴龙科下的一属恐龙。埃德蒙顿龙是最大的鸭嘴龙科之一。

## 肿瘤之谜

2003年，古生物学家在对上万个恐龙化石研究后发现，埃德蒙顿龙的化石中有肿瘤存在。古生物学家推测肿瘤可能是由遗传造成的，当然也不排除后天生长的可能性，但到底是什么原因造成的，到现在还是一个谜。

## 身躯

埃德蒙顿龙的前肢较短，长有蹄状的爪子以及厚厚的肉垫；后肢强壮有力，能支撑全身的重量。它的尾巴粗壮厚实，并且非常灵活。

### 埃德蒙顿龙（小名片）

- ◉名称：埃德蒙顿龙
- ◉时期：白垩纪晚期
- ◉外形：体长13米，重4吨
- ◉属目：蜥臀目鸟脚亚目
- ◉分布：美洲

## 齿 系

埃德蒙顿龙只有上颚骨与齿骨长有牙齿，旧的牙齿磨损了，新的牙齿又会长出来。它的牙齿排列成数十列齿系，每列齿系至少有50颗牙齿；而齿系的数量，依该物种的变动而变动。

## 头 部

埃德蒙顿龙的头部比较平坦，从侧面看略呈三角形。其眼眶能够自由调节光线强度，并能观察到四周的危险情况。它的口鼻部类似鸭子，鼻孔较大，鼻孔周围的骨头凹陷，且长有膨胀的气囊。

## 生活环境

它们主要生活在岸边的树林里，以植物的果实、种子和嫩叶为食，也经常会迁徙。

## 趣味小阅读

一个在丹佛自然科技博物馆展览的埃德蒙顿龙成年标本，显示它的尾巴曾被兽脚类恐龙咬伤。由于这个部位的高度至少有2.9米，攻击者应是一种体型巨大的动物，而从该化石的发现地来判断，该地区唯一的大型肉食性动物是暴龙。

# 赖氏龙

在白垩纪晚期，现在的北美洲地区，生存着一种恐龙，即赖氏龙，又名兰伯龙，意为"赖博蜥蜴"，是鸭嘴龙科的一属。赖氏龙是草食性恐龙，可采用二足或四足方式行走，以斧头状冠饰而闻名。

## 头 部

赖氏龙的大型眼窝与巩膜环，显示它具有良好的视力，并为昼行性动物。它的听力似乎也很好。

## 躯 体

赖氏龙标本的头部、身体、尾巴，有着厚皮肤与不规则排列的多边形鳞片。而一个大冠赖氏龙的标本上的颈部、前肢、脚部，也有类似的鳞片。窄尾赖氏龙尾巴上所覆盖的大型六角形、小型圆形鳞片上，则有小型骨质硬块。

### 赖氏龙（小名片）

- 名称：赖氏龙
- 时期：白垩纪晚期
- 外形：体长9米，高23米
- 属目：鸟臀目鸟脚亚目
- 分布：加拿大、英国、墨西哥

## 行动

　　如同其他鸭嘴龙科，赖氏龙是大型的草食性恐龙，它可用二足或四足方式行走，复杂的头部可做出研磨的动作，类似哺乳类的咀嚼。

## 冠饰的功能

　　许多科学家认为这些冠饰的功能包括存放盐腺、增进嗅觉、储存空气或换气用、共鸣器，或是用来辨认不同种或不同性别。在以上不同的假设中，最受支持的假设是制造声音，以及辨认彼此用的展示物。

## 生 活

　　赖氏龙以离地面约4米以下的植被为食，罗伯特·巴克指出，赖氏龙亚科的喙状嘴比鸭嘴龙亚科的狭窄，这表明赖氏龙与其近亲的进食内容较鸭嘴龙亚科更为受限。

## 冠饰

赖氏龙最明显的特征是头顶的冠饰，最著名的两个种的冠饰并不一样。完全成长的赖氏龙有斧头状冠饰，科学家推测这些头骨化石为雌性标本，它们的冠饰比较短也比较圆。

## 四肢

赖氏龙手上长有四个手指，缺乏拇指，但中间三指有指爪，能够联合在一起，这显示赖氏龙能够以前肢支撑重量，小指能够用来操作物体。它的每只脚掌上都只有三个脚趾。

**趣味小阅读**

赖氏赖氏龙、大冠赖氏龙都发现于恐龙公园组，该地层还发现了多样性的史前生物，如角龙类的尖角龙、戟龙、加斯莫龙，鸭嘴龙类的原栉龙、格里芬龙、冠龙、副栉龙，暴龙科的蛇发女怪龙，甲龙类的埃德蒙顿甲龙和包头龙

# 山东龙

在中生代的白垩纪晚期，在现在的中国山东省地区生活着一种恐龙，即山东龙。它是鸭嘴龙科的一个属，草食性恐龙，体长约15米。

## 发现

许久以来，山东诸城市的当地居民在溪涧捡到许多骨骼化石，他们将其称作龙骨。1963年，一个石油地质探勘队发现"龙骨"以后，在1964年~1967年由北京地质博物馆组队前往挖掘，总计采集到恐龙残骸30多吨。

### 山东龙（小名片）

- ◉ 名称：山东龙
- ◉ 时期：白垩纪晚期
- ◉ 外形：体长约15米，重10吨
- ◉ 属目：鸟臀目鸟脚亚目
- ◉ 分布：中国

## 躯 体

山东龙有一根特别长的尾巴，几乎有它全身的一半长。山东龙的尾巴形状粗重而扁平。当它直立行走时，这根尾巴就被举在身后，帮助它平衡体重。

## 头部

山东龙是最大的鸭嘴龙之一。如同所有鸭嘴龙类一样，它的喙状嘴缺乏牙齿，但它颌部长有1500颗咀嚼用牙齿。它的鼻孔附近有个被宽松垂下物覆盖的洞，可能用来发出声音。

我叫山东龙，因为我的化石发现于中国山东省。

## 生存时期

在山东龙生存的时期，大陆之间被海洋分开，地球变得温暖、干旱，开花植物出现了。与此同时，许多新的恐龙种类也开始出现，如食肉牛龙，戟龙，赖氏龙。

## 趣味小阅读

在2007年被叙述、命名的巨大诸城龙，化石来自数个个体，包含头颅骨、四肢骨头、脊椎，也是发现于山东省诸城市。在2011年，研究发现山东龙、诸城龙其实是同种动物，其代表不同的生长阶段。

# 腱龙

　　腱龙是一种体形中到大型的鸟脚下目恐龙。腱龙原本被认为属于棱齿龙类，但自从棱齿龙类不再被认为是个演化支后，腱龙现在被认为是一种非常原始的禽龙类。腱龙是草食性恐龙，活跃于白垩纪早期，现在的北美洲地区。

没错，我就是腱龙。我生活在白垩纪早期的北美洲地区。

### 腱龙（小名片）

- ◉名称：腱龙
- ◉时期：白垩纪早期
- ◉外形：体长约7~10米，重约5吨
- ◉属目：鸟臀目鸟脚亚目
- ◉分布：北美洲

## 发现

腱龙发现于北美洲西部的白垩纪早期到中期的沉积物中，约为1.15亿到1.08亿年前。2008年，在一个腱龙标本的股骨与胫骨中发现了髓质组织。

## 躯体

腱龙是一种又大又笨的恐龙，长着一条长长的特别粗的尾巴。尽管它能用具有爪子的脚踢打对方或把尾巴当成鞭子去攻击敌人，但还是无法和恐爪龙那样凶猛而动作迅速的肉食性恐龙相比。

## 生活

科学家研究认为，腱龙应该是一种温顺的草食性恐龙。虽然腱龙的身体庞大，但缺乏自卫能力，经常会遭到比它小得多的恐爪龙的攻击。

## 行动

腱龙的尾巴比其他同类的尾巴还长，它大部分时间以四足行走。

## 趣味小阅读

在腱龙的标本上曾经发现了恐爪龙的牙齿，而且在附近也发现了许多恐爪龙的骨骸，这显示腱龙曾经被恐爪龙所猎食。

# 鸭嘴龙

　　白垩纪晚期，也就是距今8000万~7400万年前，在现在的北美、北极、中国等地区生活着一种恐龙。这种恐龙吻部由于前上颌骨和前齿骨的延伸和横向扩展，构成了宽阔的鸭嘴状吻端，故命名为"鸭嘴龙"。鸭嘴龙是在北美发现的第一种恐龙。

## 躯体

　　鸭嘴龙的颈椎和背椎椎体为后凹形，背椎神经弧较高，尾椎侧比较扁，其神经棘和脉弧皆很发达。它肠骨的前突比较平缓，而后突却比较宽大。它的耻骨前突扩展成桨状，棒状坐骨突几乎成垂直状态，有的个体的坐骨远端也扩大。

### 鸭嘴龙（小名片）

- ◉ 名称：鸭嘴龙
- ◉ 时期：白垩纪晚期
- ◉ 外形：体长9米，重约4吨
- ◉ 属目：鸟臀目鸟脚亚目
- ◉ 分布：北美、北极、中国

## 头 部

所有鸭嘴龙的头骨皆显得比较高，嘴部宽扁，外鼻孔斜长。它的牙床上长着成百上千的牙齿，这些棱柱形的牙齿成层镶嵌排列，上层牙齿磨蚀完了，下层牙齿就长上去补充，这种结构可以让鸭嘴龙加快咀嚼速度并可食用硬壳粗纤维的植物。

你知道吗？我可是北美洲发现的第一种恐龙呢！

## 四 肢

鸭嘴龙前肢短于后肢，肱骨为股骨的一半长，桡骨与肱骨一样长，前足的各连接面粗糙。胫骨短于股骨，后足的第一趾消失或仅有残迹，而第四趾完全消失，第三跖骨较长，后足已发育成鸟脚状。另外，它的前后足各趾皆有爪蹄状末趾。

## 行 动

鸭嘴龙是鸟脚类恐龙中最进步的一大类，虽然它可能以四足而行，但大部分古生物学家相信所有的鸭嘴龙是以二足行走，使身体保持平行姿态，而尾部向后保持平衡。

## 发 现

鸭嘴龙也是我国发现的第一个恐龙化石，发现于黑龙江嘉荫县的龙骨山。由于龙骨山受到黑龙江的长期冲刷，恐龙化石不断暴露，散布在江边，当地渔民发现这些化石后非常惊奇，认为是龙的骨头。

## 生 活

鸭嘴龙体型较爱德蒙托龙稍小，它主要以柔软植物、藻类和软体动物为食。没有人相信鸭嘴龙在水中生存，但它偶尔能够跳入水中，快速地游行，从而逃脱猎食者的追捕。

## 冠饰

　　鸭嘴龙许多种类的最大特征就是头上密布的冠饰。它的吻部由于前上颌骨和前齿骨的延伸和横向扩展，构成了宽阔的鸭状吻端，故名鸭嘴龙。

### 趣味小阅读

　　20世纪80年代，在美国出土了一具鸭嘴龙的干尸，趾间无蹼，不过从身上长有鳄鱼似的皮肤来推断，它也能适应水中生活，所以鸭嘴龙是水陆两栖生活的，在陆地用前爪抓树叶，在水中用平扁的嘴来铲食水草。

# 大鸭龙

大鸭龙生活在白垩纪晚期，现在的北美洲地区。大鸭龙属于鸭嘴龙中的平头类，于1882年由美国古生物学家爱德华·德林克·科普叙述、命名。

## 头 部

大鸭龙的头部很长，也比较宽和低矮，头顶平坦，缺乏头冠，它的头部侧面类似天鹅。大鸭龙的鼻孔比较大，鼻孔周围的骨头呈凹陷状态。大鸭龙的鼻孔部位可能有大型的肉囊，可能具有视觉辨识的功能。

## 大鸭龙（小名片）

- ◎名称：大鸭龙
- ◎时期：白垩纪晚期
- ◎外形：体长9~12米，重约3吨
- ◎属目：鸟臀目鸟脚亚目
- ◎分布：北美洲

## 躯 体

大鸭龙的身长估计接近12米，而体重大约3吨。大鸭龙的皮肤被科学家挖掘出来，显示这种皮肤覆有水泡样的凸起，和如今美国西部的一种有毒大蜥蜴一样。

# 装甲恐龙

　　装甲亚目或称覆盾甲龙亚目，意思是"我带着护盾"。它是鸟臀目恐龙的其中一类，是拥有护甲的草食性动物，生活在侏罗纪早期到白垩纪末期。虽然装甲恐龙的成员很多，但全都在6500万年前的大灭绝中消失了。

　　装甲亚目恐龙的明星代表是剑龙，其他还有钉状龙、米拉加亚龙、华阳龙、肢龙、加斯顿龙等。

# 钉状龙

　　在侏罗纪晚期，也就是距今约1.56亿~1.5亿年前，现在的东非坦桑尼亚地区生活着一种恐龙，于1915年由德国古动物学家Edwin Hennig命名为"钉状龙"。

好想吃掉它，但是它身上有刺……这可怎么办呢？

钉状龙（小名片）

- ◎名称：钉状龙
- ◎时期：侏罗纪晚期
- ◎外形：体长5米，重1吨
- ◎属目：鸟臀目装甲亚目
- ◎分布：非洲

## 大 脑

　　钉状龙窄窄的头盖骨后部有一块狭小空间，用来容纳大脑。与体型差不多的动物比，钉状龙的大脑显得特别小，因而科学家认为这类恐龙不太聪明。

## 身 躯

　　钉状龙可能是剑龙家族里最小的成员。它的头部长有许多小型骨板，双肩两侧长着一对利刺。它颈部上的骨板细小，状如树叶，与剑龙相似。

## 副脑之谜

　　古生物学家发现，钉状龙存在着副脑组织，位置在它的臀部。但是，有科学家后来经过多次研究发现，这可能只是控制后肢与尾巴的神经，并不是真正意义上的大脑。

吼……快快束手就擒！

## 生活状态

　　钉状龙以低矮的灌木植物、果实和嫩叶为食。不过，当钉状龙站立起来后，可以吃到高大树木的树枝和树叶。由于它的牙齿非常小，研磨面又比较平坦，所以它只能依靠颌部的上下运动来咀嚼食物。

## 发 现

　　20世纪初，德国探险家在坦桑尼亚发现了最早的钉状龙化石。后来，他们将多达数千箱的钉状龙化石及其他恐龙化石运回德国研究。

## 四　肢

　　钉状龙前肢较短，后肢长度是前肢的两倍。它的脚掌上长有蹄状趾爪。钉状龙的四肢虽然都健壮有力，但因沉重的甲板和钉刺，所以不适合快速奔跑。

### 趣味小阅读

　　钉状龙与剑龙属最主要的差别在于，剑龙属缺乏臀部与尾巴连接处附近的一对显著的尖刺。

# 米拉加亚龙

米拉加亚龙是一种剑龙下目恐龙，化石发现于葡萄牙，生活于侏罗纪晚期。

## 发现

米拉加亚龙的正模标本发现于葡萄牙北部奥波多市的劳尔哈组，年代为侏罗纪晚期，约1.5亿年前。这个标本由部分颅骨和部分身体前半段所构成。米拉加亚龙的颅骨，是欧洲发现的第一个剑龙类颅骨。

### 米拉加亚龙（小名片）

- ⊙ 名称：米拉加亚龙
- ⊙ 时期：侏罗纪晚期
- ⊙ 外形：不详
- ⊙ 属目：鸟臀目装甲亚目
- ⊙ 分布：葡萄牙

## 颈部

米拉加亚龙的长颈部，是由于部分背椎向前移动构成了颈部脊椎、额外增加的颈椎和每个颈部脊椎长度变长而形成的。

## 身躯

米拉加亚龙的明显特征，是其长于一般剑龙类的颈部。与其他剑龙科相同，米拉加亚龙的口鼻部前端缺乏牙齿。米拉加亚龙前肢的尺骨与桡骨长度比例，与剑龙类的比例相近。它的耻骨的末端大，与锐龙相同，背部骨板呈三角形。

### 趣味小阅读

只有盘足龙、马门溪龙、峨眉龙等蜥脚类恐龙的颈椎数量超过了米拉加亚龙。马特乌斯等科学家推论，米拉加亚龙的长颈部可使它有更大的进食范围，或者是在求偶时具有视觉辨认的功能。

# 剑龙

侏罗纪晚期，也就是距今约1.5亿~1.45亿年前，在北美洲、葡萄牙地区生活着一种恐龙，在1877年被命名为"剑龙"，意思是"有屋顶的蜥蜴"，它是一种巨大的草食性恐龙。

## 尾巴之谜

古生物学家认为，剑龙在尾部拥有"第二大脑"，能用来控制身体后半部，也可以暂时帮它抬高身体，但此猜测尚未被证实。

我背上的骨质甲板并不与骨架相连接，而是长在厚厚的皮肤上。

### 剑龙（小名片）

⊙ 名称：剑龙
⊙ 时期：侏罗纪晚期
⊙ 外形：体长9米，重2~5吨
⊙ 属目：鸟臀目装甲亚目
⊙ 分布：北美洲、葡萄牙

## 头 部

剑龙的头部非常扁，脑容量也非常小，这种头部可能是所有恐龙中最小的一种。它嘴上长有角质的尖喙，前部没有牙齿，两侧的牙齿都比较小，呈三角形。

## 生活状态

剑龙主要以植物的果实和嫩叶为食。通常情况下，剑龙集体聚在一起，有时也会与其他草食性恐龙共同生活。

## 四 肢

剑龙的前肢比较短，后肢比前肢要长许多，而且极粗。它的前肢上长有5指，指端长有蹄状的爪，后肢长有3趾。它的脚掌非常厚实，能够支撑起全身的重量。由于剑龙的后脚比前脚长了许多，使它的身体变得前低后高。

## 发现

剑龙最早为美国古生物学家马什在1877年命名，是首先被收集化石与描述的众多恐龙之一。剑龙化石的发现地点位于美国西部与加拿大的一系列侏罗纪晚期层积岩层，北美洲产有最多恐龙化石的地层莫里逊组的北部。

## 甲板之谜

研究表明，这些甲板上可能覆盖着皮肤，并分布着血管网，能够调节体温。

吼……乖乖地让我吃了你吧！

想吃我？没那么容易！

## 身躯

剑龙的背部呈弓状弯曲，从它的颈部直至尾巴中部，长有三角形的骨板，尾巴的末端则生有长长的钉刺。

不好下口啊，这剑龙竟然有这么多装甲！

### 趣味小阅读

有些生物学家开始将装甲剑龙的尾部描述成拥有8支尖刺，然而研究显示，这个物种的尖刺数量与狭脸剑龙一样，都只有4支。

# 华阳龙

在侏罗纪中期，约1.65亿年前，现在的中国地区生活着一种恐龙，即华阳龙，是剑龙下目恐龙。

## 生 活

华阳龙与生活在同时代、同地区的蜀龙、酋龙和峨眉龙相比，它太矮、太小了。因此，当那些大家伙仰起脖子大嚼高树上的叶子时，华阳龙只能啃食地面附近的低矮植物。

### 华阳龙（小名片）

- ⊛ 名称：华阳龙
- ⊛ 时期：侏罗纪中期
- ⊛ 外形：体长约4~5米，重1~4吨
- ⊛ 属目：鸟臀目装甲亚目
- ⊛ 分布：中国

## 头 部

华阳龙的头颅骨较宽，它嘴部前方的前上颌骨拥有牙齿，而晚期的剑龙类恐龙缺少这些牙齿。在它的背部，从脖子到尾巴中部还排列着左右对称的两排心形剑板。

## 躯 体

华阳龙是一种四足草食性恐龙，具有小型的头部，背部拱起，有两排垂直的骨甲，尾巴末端有两对尾刺。华阳龙的背甲较尖而且比较细，是已知最小型的剑龙类恐龙之一。

今天的天气真好。

## 四 肢

华阳龙的前后腿差不多长，而后期的剑龙类恐龙前腿明显比后腿短。这些特点表明了华阳龙确实是一种原始的剑龙。

### 发现

目前已在四川自贡附近的大山铺采石场发现12个华阳龙化石，并由我国著名古生物学家董枝明命名。华阳龙的模式种是太白华阳龙，也是目前仅有的一种。

### 武 器

华阳龙较为矮小的身体似乎更容易成为气龙等肉食性恐龙的捕食目标。但是，作为最早的剑龙，华阳龙已经发展了一套独特的防御武器，那就是它肩膀、腰部以及尾巴尖上长出的长刺。

## 生存时期

侏罗纪中期，河边通常长满了绿色如地毯般茂密的矮小蕨类植物，这样的地方一般没有高大的树木。当华阳龙用它那适于啃食和研磨的小牙齿在这样开阔的"草地"上进食的时候，它的幼仔往往成了气龙等捕食者觊觎的对象。

### 趣味小阅读

华阳龙的已架设骨骸，分别在中国的四川省自贡市自贡恐龙博物馆以及重庆的地方博物馆展示。

149

# 肢龙

肢龙是一种生活在侏罗纪早期，活动于现在的英格兰、亚利桑那州等地区的一种草食性恐龙。

## 身躯

肢龙的身体大约只有一头小牛那么大。它四肢粗短，躯体滚圆，脑袋很小，显得迟钝笨拙。肢龙使自己的身体披上厚厚的甲板，背上还均匀地密布着一排排尖刺。这样，那些肉食性恐龙就不那么容易伤害它了。

## 争议

科学家一直认为肢龙是后来各种甲龙的祖先，但奇怪的是真正的甲龙在4000万年以后才开始出现。在侏罗纪早期，贪吃的食肉恐龙已无处不在，食素恐龙得处处小心地避开它们。

## 命名

肢龙在1868年被命名，它的中文别名为棱背龙和踝龙。棱背龙这个名称是中国根据该龙特征起的，它属于覆盾甲龙形类。

### 肢龙（小名片）

◉名称：肢龙

◉时期：侏罗纪早期

◉外形：体长3~4米

◉属目：鸟臀目装甲亚目

◉分布：英格兰、亚利桑那州

# 加斯顿龙

　　加斯顿龙，是多刺甲龙亚科下的一属恐龙，生活于白垩纪早期的北美洲。

## 外 形

　　加斯顿龙有着荐骨装甲及巨大的肩膀尖刺，这与它的近亲多刺甲龙相似。它的头部呈圆盔状，十分厚，有很好的防御性。

## 加斯顿龙（小名片）

- ◉名称：加斯顿龙
- ◉时期：白垩纪早期
- ◉外形：不详
- ◉属目：鸟臀目装甲亚目
- ◉分布：北美洲

## 发现

加斯顿龙的化石是在美国犹他州发现的，属于雪松山组的Yellow Cat段，地质年代约1.26亿年前。这是所有多刺甲龙亚科化石中最为完整的标本，与犹他盗龙发现于同一采石场。

## 趣味小阅读

加斯顿龙曾出现在罗伯特·巴克所著的小说 *raptor red* 中，这是关于一只雌性犹他盗龙的小说。故事中有一群不同的掠食动物企图攻击加斯顿龙，虽然加斯顿龙采取了防护措施，但最后死于犹他盗龙之手。

# 包头龙

在白垩纪晚期，也就是距今7000万~6500万年前，现在的加拿大、美国等地区生活着一种恐龙。1910年，这种恐龙被命名为"包头龙"，又名优头甲龙。

## 头 部

包头龙的头部较小，颈部较短，头颅骨扁平，呈三角形状，头上由坚硬如岩石的盔甲覆盖着，以保护头部不受伤害。它的口部是角质的喙，牙齿比较细长，但是不具有咀嚼用的齿冠。包头龙的鼻子结构复杂，它的嗅觉可能很灵敏。

**包头龙（小名片）**

◉ 名称：包头龙
◉ 时期：白垩纪晚期
◉ 外形：体长6米
◉ 属目：鸟臀目装甲亚目
◉ 分布：北美洲

## 身躯

　　包头龙是甲龙科最大的恐龙之一，其体型与现在的一头小象相当。它体长约6米，宽2.4米，重达2吨，身体比较低，四肢粗短。包头龙的前肢比较短小，后肢非常粗壮，四肢的趾端都长有蹄状的利爪。

## 食性

　　包头龙是草食性恐龙，它的小牙和角质的喙，非常适合啃咬植物的枝叶。但是，包头龙在进食时并不把食物嚼碎，而是直接吞下去，它巨大的胃能够装很多的食物，待吃饱以后，它就坐卧在地上慢慢消化。

## 自卫之谜

　　包头龙怎样才能有效地保护自己呢？原来包头龙是一种身披重甲的恐龙，它的尾巴非常强壮，尾端又长有骨质的尾槌，能够灵活运动，是它最好的防御武器。如果它挥舞尾巴的话，能够轻易地打死体型庞大的猎食者。

## 生活状态

　　包头龙的牙齿非常小，它只能吃低矮的植物，不过也可以吃埋于地下的块茎。包头龙是从来不挑食的，因为它有着强大的消化系统，这种独特的消化系统可以帮助它消化比较粗糙的食物。

　　我是包头龙，我的尾巴是很好的防卫武器，一般的恐龙不敢攻击我。我厉害吧！

### 趣味小阅读

　　包头龙的近亲篮尾龙尾巴末端也有骨槌，其防御能力比包头龙更强。篮尾龙生存于白垩纪晚期，其化石是在蒙古国发现的。篮尾龙的体长为4.5~6米，重达2吨，体型比较小，身体显得细长，身上长满骨棘，因此比包头龙显得更加灵活。

# 甲龙

　　甲龙意为"坚固的蜥蜴"，是甲龙科下的一属。甲龙的化石在北美洲西部的地层被发现，年代属于白垩纪晚期。甲龙是一类以植物为食、全身披着"铠甲"的恐龙。

## 头 部

　　甲龙的头颅骨扁平呈三角形，宽度大于长度，有着很小型像树叶一样的牙齿，适合啃碎植物。甲龙的面部长满骨头甲壳，甲龙可能会以此来躲避捕食者。

### 甲龙（小名片）

- ⊙ 名称：甲龙
- ⊙ 时期：白垩纪晚期
- ⊙ 外形：体长6米
- ⊙ 属目：蜥臀目装甲亚目
- ⊙ 分布：北美洲

## 躯 体

　　成年的甲龙，与大部分现代的陆地动物相比，是非常大型的。它的体型扁平而宽。甲龙依靠四足行走，它的后肢较前肢稍长。虽然科学家对它脚掌的形状仍不清楚，但借鉴其他甲龙科，甲龙可能会有五趾。

## 装 甲

　　甲龙最明显的特征是它的装甲，包含了坚实的结节及甲板，嵌在皮肤上。在鳄鱼、犰狳及一些蜥蜴上也可以发现类似的装甲。甲龙骨头上覆盖着坚硬的角质。这些皮内成骨按照大小来排列，从宽而平的甲板到小而圆的结节。

## 趣味小阅读

　　甲龙也曾短暂出现在数部电影中，如动画片《历险小恐龙》《你好像很美味啊》，以及2001年的电影《侏罗纪公园Ⅲ》与其周边游戏。

## 武 器

甲龙尾部的棒槌是一个主动的保护武器，可以对施袭者的骨头造成重击。甲龙尾槌的攻击力并不强，大型甲龙尾槌才拥有击伤中型肉食性恐龙的能力，但不可能对巨型肉食性恐龙造成打击。如果甲龙用尾槌攻击大型对手，很可能它尾部脆弱的连接处会先行折断。

## 生活环境

甲龙的生活环境应该被限制在远离海岸的高原地区。而埃德蒙顿甲龙有着较窄的口鼻部，可见是进食时具有选择性，应该生活于接近海岸的地区。

瞧我这一身铠甲。

# 角龙恐龙

　　角龙亚目恐龙最早出现在白垩纪早期的亚洲大陆上，时间大约是一亿年以前。鸟脚亚目恐龙中有一种生活在亚洲的鹦鹉嘴龙，现在被认为是最早期的角龙亚目恐龙成员。除此以外，早期的角龙亚目恐龙——原角龙，也曾繁盛于亚洲戈壁上。可见，亚洲是角龙亚目恐龙的发源地。

　　角龙亚目恐龙是把防御的"盾"和进攻的"矛"和谐地结合在一起的动物。颈盾就是防护自身的盾，角就是反守为攻的矛。角龙亚目恐龙对肉食性恐龙的防御是积极的防御，因此，经常是成功的。所以，角龙亚目恐龙虽然出现很晚，却能在短时期内演化出众多类型，这说明角龙亚目恐龙是进化非常成功的动物。

　　角龙亚目恐龙中的明星，那就非三角龙莫属了，除三角龙外，角龙亚目恐龙大家族中还有古角龙、原角龙、尖角龙等成员。

# 祖尼角龙

祖尼角龙生存于白垩纪晚期，现在的美国新墨西哥州地区。它早于外表相近的角龙科，并可能为角龙科的祖先。

## 头 部

祖尼角龙头后的头盾是多孔的，但缺乏颈盾缘骨突。祖尼角龙是已知最早有额角的角龙类，也是已知最古老的北美洲角龙类。这些角状物被认为随着祖尼角龙的年龄增长而增大。

## 生 活

祖尼角龙如同其他角龙类，是草食性恐龙，而且可能是群居动物。

### 祖尼角龙（小名片）

◉名称：祖尼角龙
◉时期：白垩纪晚期
◉外形：体长3~3.5米
◉属目：鸟臀目角龙亚目
◉分布：北美洲

嘻嘻，饱餐一顿。这里环境真不错！

## 发现

祖尼角龙的化石发现于1996年，由美国古生物学家Douglas G. Wolfe 8岁的儿子在新墨西哥州发现。目前已经发现一个头颅骨，以及来自数个个体的骨头。最近，其中一个被认为是祖尼角龙鳞骨的骨头，可能来自懒爪龙的坐骨。

### 趣味小阅读

目前已知最基础的祖尼角龙恐龙是隐龙，它与同样生存于晚侏罗纪时期的朝阳龙，以及生存于白垩纪早期的鹦鹉嘴龙科等基础角龙类都生存于中国北部与蒙古国。

163

# 三角龙

　　白垩纪晚期，在现在的美国、新墨西哥州地区生活着一种恐龙。1889年，这种恐龙被命名为"三角龙"，为角龙科的草食性恐龙一属，与霸王龙生活在同一个时期，同一个地方。三角龙是最晚出现的草食性恐龙之一，所以被称为白垩纪晚期的代表恐龙。

**三角龙（小名片）**

- 名称：三角龙
- 时期：白垩纪晚期
- 外形：体长9米、重5~6吨
- 属目：鸟臀目角龙亚目
- 分布：北美洲

## 头 部

三角龙的头部比较大，脸部狭长且扁，眉角比较长，头后面长着骨质头盾。它的口鼻部较长，嘴部逐渐形成狭窄的角质喙，鼻子上长有鼻角，类似于犀牛的角。

## 头 盾

有的科学家认为，三角龙的头盾可以增加肌肉的大小与力量，用来帮助咀嚼。也有科学家认为，三角龙也可能使用角与头盾，与掠食者进行搏斗。更有科学家认为，三角龙的大型头盾可能用来协助调节体温。还有一种说法是为求偶之用。

## 发 现

　　1887年，第一个三角龙化石发现于科罗拉多州丹佛市附近。当时发现的三角龙头颅骨化石，头上有一对额角。这个化石后来交给了古生物学家马什，他将其命名为"长角的北美野牛"。1888年，马什经过深思熟虑后重新将其命名为"三角龙"。

## 身躯

　　三角龙的身躯庞大，强壮结实，头部长度就等于一个人的高度。三角龙四肢粗壮有力，前肢掌部长有五指，指端有蹄状的爪子，但其后肢只有4个短蹄状脚趾。三角龙通常以四足行走，有时也会以后肢直立行走。

### 趣味小阅读

　　在儿童读物中，经常出现三角龙与暴龙打斗的场景，因此这两种恐龙普遍被认为是天敌。但在1966年的电影《公元前一百万年》中，三角龙的打斗对象，从暴龙换成了角鼻龙，但角鼻龙与三角龙其实生存于不同的时期。

# 古角龙

古角龙，是古角龙科下的一个属，是一种基础新角龙类，生活于白垩纪晚期阿普第阶的中国中北部。它从头到尾似乎只有1米长，是双足恐龙，头盾小，没有角。

## 发现

古角龙的化石于中国甘肃省马鬃山地区公婆泉盆地的新民堡组被发现。它的属下只有一个种，被称为大岛氏古角龙，由董枝明及东洋一于1996年命名。古角龙是该地区第一个发现的基础新角龙类。

### 古角龙（小名片）

- 名称：古角龙
- 时期：白垩纪晚期
- 外形：不详
- 属目：鸟臀目角龙亚目
- 分布：中国中北部

## 进化

古角龙体型娇小，用两条后腿轻盈地奔跑。它的脑袋和鹦鹉嘴龙的脑袋非常相似，但是骨架非常原始。研究者认为，后来出现的大型角龙类恐龙极可能就是从它的后裔里进化过来的。

## 分 类

古角龙属于角龙下目，这是一类草食性、有着像鹦鹉喙一样的恐龙。1997年，董枝明及东洋一将它们分类在一个新的古角龙科之内。

### 趣味小阅读

在甘肃马鬃山地区的白垩纪地层中，发现了鹦鹉嘴龙和大岛古角龙共生，从而论证了古角龙是角龙类的真正始祖。这一发现证实了角龙类起源于亚洲，而后迁移到北美的假说。

# 原角龙

　　在白垩纪晚期，也就是距今7400万~6500万年前，在现在的蒙古国和中国地区生活着一种恐龙。1923年，这种恐龙被命名为"原角龙"。原角龙属于原角龙科，原角龙科是一种早期角龙类。不像晚期的角龙类恐龙，原角龙缺乏发展良好的角状物，且拥有一些原始特征。

### 原角龙（小名片）

◎ 名称：原角龙
◎ 时期：白垩纪晚期
◎ 外形：体长1.8米，重300千克
◎ 属目：鸟臀目角龙亚目
◎ 分布：蒙古国、中国

## 头 部

　　原角龙的头部比较大，头上长着褶边一样的装饰，雄性的装饰比雌性的大些。它的鼻孔比较小，有大型眼眶。原角龙的眼睛后方是个稍小的洞孔，为下颞孔。它的嘴部肌肉强壮，咬合力非常强大。

## 身躯

原角龙体长1.8米，肩膀高0.6米。身躯肥胖，四肢粗短，很像一只绵羊。它们前肢比较短，后肢略长，四肢上都长有五指，指端有锐利的爪子。它从两脚步行的鸟臀类进化而来，以四肢行走，行动缓慢。

你知道吗？我可是很聪明的哦！

## 生活环境

　　原角龙以生命力强、耐干旱的植物为食，喜欢集体生活在环境干旱恶劣的地区。雄性原角龙有时会以头盾相撞，胜利者就是首领。

### 趣味小阅读

　　西徐安游牧民族告诉希腊人与罗马人，狮鹫发现于西徐安陆地上，也就是现在的中国西北与蒙古国西南。狮鹫被叙述成在山上与沙漠中的砂岩，守卫着地底的黄金。该地区有许多原角龙化石，而邻近山脉有许多金矿，因此产生理论认为原角龙化石是狮鹫神话的来源。

# 戟龙

在白垩纪晚期，也就是距今7400万~6500万年前，在现在的北美洲地区生活着一种恐龙，它就是戟龙。戟龙又名刺盾角龙，在希腊文意为"有尖刺的蜥蜴"，是草食性角龙下目恐龙的一属。

我要吃你们，你们一个一个到我嘴里来吧！

## 戟龙（小名片）

- 名称：戟龙
- 时期：白垩纪晚期
- 外形：体长5.2米，重3吨
- 属目：鸟臀目角龙亚目
- 分布：北美洲

## 身躯

戟龙是一种大型恐龙，有短四肢和强壮的肩膀。它的尾巴相当短，每个脚趾有蹄状爪，由角质包覆。科学家对于戟龙以及角龙科恐龙的四肢姿势有过不同的假设，包括前肢直立于身体之下，或是前肢呈现往两侧伸展的姿势。

## 行动

美国古生物学家格里高利·保罗，以及丹麦哥本哈根大学动物博物馆的佩尔·克里斯坦森，基于角龙类的非两侧伸展式足迹，提出大型角龙类如戟龙，能够像大象那样奔跑。

我们不是肉食动物，我们正在找好吃的草。

## 群居之谜

加拿大亚伯达省发现的戟龙尸骨层显示，当时是季节性干旱或半干旱的环境，所以这些大量死亡的戟龙可能并不是群居动物，而是在干旱时期聚集到水坑中。戟龙的相关资讯比其近亲尖角龙还多，表明戟龙在环境改变的时候取代了尖角龙。

## 头部

戟龙的头颅巨大，拥有大型的鼻孔和高大的鼻角，头盾上有4~6个尖角，数量依个体变化而不同。有些个体的头盾的脸颊两侧位置有较小的角。戟龙头盾上有大型孔洞，嘴部前方是缺乏牙齿的喙状嘴。

## 生活

戟龙是一种草食性恐龙，它被认为比较适合抓取、拉扯，而非咬合。由于头部高度的限制，它可能主要以低矮植物为食。当然，也可能用头角和喙状的嘴或用身体去撞倒较高的植物。

## 发现

戟龙的第一个化石是由加拿大古生物学家查尔斯·斯腾伯格在加拿大埃布尔达省的恐龙公园组发现，并由加拿大古生物学家劳伦斯·赖博在1913年叙述。

### 趣味小阅读

1961年，戴维特首次提出戟龙头盾是作为求偶展示物的理论，这个理论获得越来越多的赞同。不同种的有角恐龙，拥有不同形状的装饰物，这个证据支持了头盾作为求偶或其他社会行为的视觉辨识物。

# 厚鼻龙

厚鼻龙，是三角龙下目恐龙的一属，生存于白垩纪晚期，现在的北美洲地区。

## 发现

厚鼻龙的第一个标本由古生物学家查尔斯·斯腾伯格在1950年于加拿大亚伯达省发现并命名。目前已在亚伯达省与美国阿拉斯加州发现12个厚鼻龙的部分头颅骨。

## 厚鼻龙（小名片）

- ◎名称：厚鼻龙
- ◎时期：白垩纪晚期
- ◎外形：体长5.5~6米
- ◎属目：鸟臀目角龙亚目
- ◎分布：北美洲

## 外形

　　厚鼻龙头颅骨的鼻部上有巨大、平坦的隆起物，而非角状物。这些隆起可能用来推撞对手，如同麝牛。厚鼻龙头盾后方有一对角往上方延伸、生长。厚鼻龙头盾形状与大小随着个体不同而不同，可能是性别差异或其他因素。

## 生活

　　厚鼻龙是鸟臀目角龙亚目恐龙的一属，它是草食性恐龙，拥有强壮的颊齿，可协助咀嚼坚硬、富含纤维的植物。

## 命名

　　厚鼻龙在1950年被古生物学家查尔斯·斯腾伯格命名，意为"有厚鼻的蜥蜴"。

> 你看看我们的鼻子，就会知道为什么我们被称为厚鼻龙了。

### 趣味小阅读

　　厚鼻龙曾出现在迪士尼的电影《恐龙》中。在2001年的电影《历险小恐龙08》里，有一只名为Mr. Thicknose的厚鼻龙。厚鼻龙被选为2010年北极地区冬季运动会的吉祥物，运动会于加拿大亚伯达省的格兰博瑞尔举办。

# 双角龙

　　双角龙生活于白垩纪晚期，现在的北美洲地区。许多年来，双角龙曾被认为是三角龙的一种，但一个发生在1996年的研究认为双角龙是一个独立的属。

## 双角龙（小名片）

- ◎名称：双角龙
- ◎时期：白垩纪晚期
- ◎外形：体长9米
- ◎属目：鸟臀目角龙亚目
- ◎分布：美国、北美洲

## 食 性

　　如同所有角龙类恐龙，双角龙是草食性恐龙。在白垩纪期间，开花植物的分布范围有限，所以双角龙可能以当时的优势植物为食，如苏铁、针叶树。它可能使用锐利的喙状嘴咬下树叶或针叶。

## 外 形

　　双角龙的头颅骨较大，但面部较短，不像三角龙。双角龙的头盾上有大型洞孔。双角龙拥有类似鹦鹉的喙状嘴。它的鼻端上只有一个圆形隆起部，而枕骨上的额角几乎是笔直的。

## 趣味小阅读

　　在游戏《怪物猎人》中，双角龙是一只栖息在沙漠中的飞龙，体形巨大，头上长有两根巨大的角，能够快速钻入地下，并在地下快速前进。

# 尖角龙

在白垩纪早期，也就是距今约7650万~7550万年前，在现在的加拿大地区生活着一种恐龙，它就是尖角龙。尖角龙是角龙科恐龙的一属，古希腊文意指"尖刺蜥蜴"，属名是指它头盾周围的小型角，而非它鼻端上的角。

## 头 部

尖角龙的头部比较大，上方长有两根小眉角，脸部又高又宽，鼻端有一尖硬的鼻角向上弯曲。它的额角不太明显，主要由头盾及短鳞骨覆盖。尖角龙的头盾比较长，上面有许多孔洞，边缘有许多小型尖角。

## 颈 部

尖角龙的颈部和肩部承受着来自头部和头盾的巨大压力，因此，颈椎只有紧锁在一起，才能具有很强的承受力。它的脑袋不能够灵活运动，即使动一下都非常吃力。

## 尖角龙（小名片）

◎名称：尖角龙
◎时期：白垩纪早期
◎外形：体长6米，重约3吨
◎属目：鸟臀目角龙亚目
◎分布：加拿大

我的角很厉害的，可比犀牛强多了呢！

## 食性

尖角龙也是草食性恐龙，生活方式与现在的牛和羊的生活方式类似，整天趴食和咀嚼食物。尖角龙会用角质的喙来咬断植物，将其送到嘴里，再用牙齿嚼烂、磨碎，最后把这些食物送进胃中。

## 趣味小阅读

加拿大西部亚伯达省希尔达地区挖掘到的恐龙化石层，可能是全球最大的"恐龙坟场"：7600万年前的一场超大暴风雨，把栖息在当地的约1000只左右"尖角龙"消灭殆尽。

# 五角龙

五角龙生存于白垩纪晚期，约7400万~6500万年前，现在的北美地区。

## 发现

五角龙的第一个化石由查尔斯·斯腾伯格发现于新墨西哥州的圣胡安盆地，并由亨利·费尔费尔德·奥斯本在1923年叙述、命名。

## 五角龙（小名片）

- 名称：五角龙
- 时期：白垩纪晚期
- 外形：体长5~8米，重约5.7吨
- 属目：鸟臀目角龙亚目
- 分布：北美

## 头 部

五角龙外观和开角龙相似，但体型较大，可是却拥有比开角龙更叹为观止的中空的颈部盾板。5根角除了2根额角与1根鼻角外，还有眼睛下侧的尖刺。科学家因此认为其盾板不够坚固，应该是用来威吓敌人或如孔雀尾部用来求偶用的。

## 生 活

五角龙生存在多树平原，是四足草食性恐龙。五角龙过着群居生活，会一起觅食，遇到敌害也会一起御敌。

## 命 名

五角龙之所以得名，是因为古生物学家一开始认为它面部长有5只角。实际上，它只有常见的3只角，古生物学家看到的另外2只角，不过是拉长了的颧骨。

## 头盾之谜

古生物学界对角龙类恐龙的角与头盾功能进行了长期的研究，引发了长久的争论。大多数科学家认为，头盾是它们抵抗掠食动物的武器、物种内打斗的工具或视觉上的辨识物，还有可能是地位的象征，也有可能是用来吸引异性的重要标志。

## 躯体

尖角龙是一种中型恐龙，它的四肢粗壮，如同柱子。它的前肢比较短，后肢稍长，掌部肌肉结实，非常适合行走。尾部粗短，能够保持身体平衡，但尾巴并非与地面保持水平。

## 分类

尖角龙属于角龙科尖角龙亚科。因为尖角龙亚科的不同种，甚至不同个体的差异性，所以一直有争论哪些属、种是有效的，尤其是尖角龙与独角龙是否是有效属，还是相同物种的不同性别。

你好啊！一起去吃草吧！

## 趣味小阅读

第一块五角龙化石是由美国著名化石猎人查尔斯·斯腾伯格在新墨西哥州的圣胡安盆地发现的，并由美国古生物学家亨利·费尔费尔德·奥斯本在1923年叙述和命名。